中国经典艺术美学

《园冶》之中国园林美学

顾作义 著

SPM 南方传媒 | 花城出版社
中国·广州

图书在版编目（CIP）数据

《园冶》之中国园林美学 / 顾作义著. -- 广州 : 花城出版社，2023.8
（中国经典艺术美学）
ISBN 978-7-5360-9949-4

Ⅰ. ①园… Ⅱ. ①顾… Ⅲ. ①园林艺术—艺术美学—中国 Ⅳ. ①TU986.1

中国国家版本馆CIP数据核字(2023)第123343号

出 版 人：张　懿
出版统筹：杨柳青
责任编辑：林　菁　王佳云　杨柳青
责任校对：梁秋华
技术编辑：凌春梅
封面设计：赵坤森　具伊宁

书　　名　《园冶》之中国园林美学
　　　　　YUANYE ZHI ZHONGGUO YUANLIN MEIXUE
出版发行　花城出版社
　　　　　（广州市环市东路水荫路 11 号）
经　　销　全国新华书店
印　　刷　广州市岭美文化科技有限公司
　　　　　（广州市荔湾区花地大道南海南工商贸易区 A 幢）
开　　本　889 毫米 ×1194 毫米　32 开
印　　张　5.25
字　　数　78 千字
版　　次　2023 年 8 月第 1 版　2023 年 8 月第 1 次印刷
定　　价　58.00 元

购书热线：020-37604658　37602954
花城出版社网站：http：//www.fcph.com.cn

总 序

顾作义

人不仅要有丰富的物质生活，而且要有充实的精神生活。审美活动作为一种人类的精神文化活动，一直伴随着人类的生存、生产、生活而产生、发展，且是精神生活不可缺少的重要组成部分。作为一个现代的文明人，应当具有高贵的精神、高尚的道德、高雅的情趣，而要达到这个目标，必须学会发现美、鉴别美、欣赏美、创造美。

审美素养关乎人最基本的情感能力、价值判断与人格健全，主要包含审美发现、审美表达、审美理解、审美共情、审美创造五个维度，缺失其中任何一个维度，都不算具备健全的审美素养。

进入新时代，构建中国特色的美学和美育，其意义是深远的，这是由以下三个方面的时代发展要求所决定的：

一是美丽经济成为未来经济的发展方向。未来的经济发展将从知识经济向美丽经济的方向发展，美丽经济具有巨大的发展潜力和空间，文旅产业、健康产业、环保绿化产业、设计创意产业等都是美丽产业。人们对衣食住行等的需求是不但要实用，而且要环保、美观，具有创意。经济的高质量发展，其中一个主要的支撑就是美丽经济。

二是美好生活成为人们的向往与追求。今天，人们的需求已从温饱向高质量的发展转变，要求提高生活品位和生活质量。要追求美好的生活和创造美好的人生，既要有“柴米油盐酱醋茶”的生活，又要有“琴棋书画诗酒花”的雅趣。审美活动成为人们生活中的一项重要内容，审美创造具有了生机勃发的发展功能。

三是美妙艺术成为人们普遍的审美活动。人们对艺术作品的需求更加注重品位和质量。那些具有思想高度、艺术特色、奇思妙想的作品，为人们所渴求、所喜爱。这就要求艺术的创作者要遵循美学规律，创作一些思想性、观赏性、艺术性俱佳的作品，而艺术的观赏者则要提高对美的感知能力和审美能力。这样，审美教育也就成为提高全民素养和全民修养的重要内容。

审美教育以培养理性与感性相统一、具有健全人格的人为基本宗旨。其本质是以人文艺术为主要途径的感性教育和价值教育，是丰沛人们的情感与心灵以及创新思维的重要源泉。特别是“情”与“趣”的培养，使人更加珍惜亲情、爱情、友情、家乡情、国家情、山水情，更加富有志趣、乐趣、理趣、智趣、情趣。

审美教育也是科学的求真原则和人文的求善原则相互融合的新兴学科。既是情操教育，也是心灵教育，还是丰富想象力和培养创新意识的教育，是提升人们的审美素养、陶冶情操、温润心灵、激发创新活力的重要途径。

中国是一个充满诗情画意的国度，从来就对真、善、美有着执着的追求，而在这个诗意人生的追求过程中形成了独特的审美理想、审美心理、审美范式和审美方法。虽然美学这一概念是从西方引进的，但美学思想却非常丰富。儒、佛、道三家各自从不同的角度简述了美学精神、美学追求和美学风格，提出了中和、意象、境界、神思、比兴、妙悟等美学范畴。而在中华经典中，有大量的艺术经典作品表达了中国的美学思想，这是一个既丰富又宝贵的资源，值得深入挖掘、总结和提升。选择中华艺术经典为范本讲解中国美学，这是因为艺术本身与美学有着天然的联系，这些经典本身就是美学的精华和样式。为此，我萌生了写作“中国经典艺术美学丛书”的想法。

“中国经典艺术美学”是一门交叉学科，实际上是中国经典+艺术门类+美学，是诸多学科的融会贯通。丛书中每一本以一部中国经典为范本，在艺术的门类中运用美学理论进行论述，这就与一般的经典解读大有不同，从而形成了独特的风格。

首先，这套丛书紧扣美学和美育的宗旨。美育的主要任务是培养高雅情趣，提升人生境界和生命境界。正如蔡元培先生所说：“美育者，应用美学之理论于教育，以陶养感情为目的者也。……美育者，与智育相辅而行，以图德育之完成者也。”德育是一切教育之根本，美育则是实现完美人格的桥梁。美育的主要任务是提高人的情商，通过提高审美情趣，实现提升生存意趣、生活情趣、生命质量和人生价值的目的。

其次，紧扣美学和美育的精神。中国美学精神就是美育的核心元素，是美育的“道”，统率着“器、术、法”。如儒家的“中和”、道家的“质朴”、佛家的“虚空”，充分体现了中国人的世界观、价值观、历史观和辩证法。《易经》是中国美学思想和精神的源头，是一部大美之书。从《易经》的美学思想看，中国美学精神是美学的核心和灵魂。这个“精神”是以“中和”为圆点，并以“真善”为内核，以“天人合一”为审美思维，以“自强不息，厚德载物”为品格，以“社会大同”为境界，以“刚柔相济”为形态，以“穷变通久，革故鼎新”为审美创造等。美育就是要以美培元、以美修身、以美养性、以美启智、以美铸魂，在自然中发现美，在文化中鉴赏美，在情感中升华美，在实践中创造美。为此，在阐述这些艺术美学时，力求贯穿美学精神。

再次，秉持“究天人之际，通古今之变，成一家之言”的学术旨趣。王国维在《人间词话》中说：“诗人对宇宙人生，须入乎其内，又须出乎其外。入乎其内，故能写之；出乎其外，故能观之。”许多经典的解读是注解式的解读，侧重于考证、辨伪。本套经典艺术美学丛书，在经典的基础上“入乎其内”，主要把握其思想精华；又“出乎其外”，以“超越”的精神构建了一个新的体系，做出了新的阐述。这也是传承创新、以古鉴今、推陈出新，彰显“和而不同”的学术精神，构建新的学科体系。

基于以上考虑，这套丛书推出：《〈红楼梦〉之中国小说美学》、《〈书谱〉之中国书法美学》、《〈二十四诗品〉之中国诗歌美学》、《〈园冶〉之中国园林美学》、《〈古画品录〉之中国绘画美学》（与吴国强合著）、《〈溪山琴况〉之中国音乐美学》（陈菊芬、宋唐著）等，构建艺术美学的分支，追寻艺术到达的美学规律和方法，使人们在当下的艺术创作中得到启发。

以中国经典为范本研究艺术美学，是一个新的探索，力求抛砖引玉，吸引更多人关注经典、关注美学。由于本人学浅识薄，书中难免有不足之处，期待读者的指正。

目录

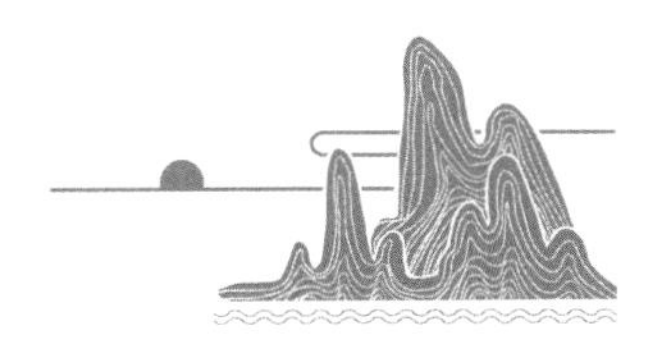

绪 论

中国园林是人们向往的绿色生态空间，是集建筑、山水、园艺、工艺于一体的艺术殿堂，是集真、善、美于一体的自然与人工创造的活动天地，也是每个人憧憬的生活、休息、玩赏和心灵安顿的家园。可以这样说，中国园林是人们亲近自然、享受自然之地，是艺术鉴赏、艺术创造的大雅之堂，也是人们心灵的诗意栖居、安顿之处。

中国园林艺术源远流长，自周文王修苑囿、筑灵台以来，秦始皇的阿房宫、汉武帝的上林苑、魏晋南北朝的山水园林，再经隋、唐、北宋、元、明的宫殿园林，发展到清代乾隆时期兴建的园林之首圆明园，中国园林通过南北园林的融合走到极致。

如果从殷周时期的囿、苑的出现之日算起，中国园林艺术至今已有三千多年的历史，是世界园林艺术起源最早的国家之一，并且形成了鲜明的民族风格和艺术特色，它既是中国人的生存智慧，中国人所追求的艺术人生，也是中国人的价值取向和审美体验。不论是古韵古风的中国传统园林，还是追求自然与生活空间遥相呼应的新中式园林，都在时空的运转中延续和发展着自然之美和人文之美。

建设美丽中国是我们的崇高目标和神圣职责，而传承和创新中国园林艺术，是建设美丽中国的重要内容。一方面，我们要把中国园林艺术保护好、传承好；另一方面，我们要站在新时代的大背景下，注重科学与艺术的结合、中外园林的互鉴、古今园林的融通，将中华园林艺术加以创新发展，将“美丽”写在中华大地上，给人们提供更加优美的艺术空间和更加舒适的生活空间。

将“美丽”写在中华大地上，必须让中国园林艺术走进生活，走向城乡的生活空间。今天城市的许多小区，虽然注重绿化，也有做得不错的，但大多尚未达到园林艺术的水平，未能成为具有观赏价值的艺术景观。其实，只要精心设计，做到“园中有宅，宅中有园”就能焕然一新。在许多农村，由于宅基地相对宽敞，许多私家庭院、庭园只要略加改造，内植花树景观，缀以假山溪池，也能成为小巧玲珑的小园林。而城乡中的许多公园，本来就是造园的理想之地，可惜的是，这些公园大多“有绿化、无文化”，“有景物、无景观”，缺乏园林艺术的植入和融合，未能发挥审美功能。如果能在每个公园中都建一个小园林，公园不但有了新的景点，而且也会增添情趣，可以改变“千园一面”的现象。同样，城市的公共设施、街头等空间，也是园林艺术展示的地方。有些地方虽然提出建设“园林城市”的口号，但仅停留在做好绿化的水平上，称不上名副其实的园林城市。因此，让园林艺术走进我们的生活，让园林艺术在我们的生活环境中随处可见、随时可见，仍然需要做出巨大的努力，需要增强全民的造园意识和素养，需要大力普及和推广中国园林艺术。

将“美丽”写在中华大地上，必须让中国园林走向世界。周维权先生在《中国古典园林史》一书的自序中满怀深情地写道：“中国古典园林作为古典文化的一个组成部分，在它的漫长发展历程中不仅影响着亚洲汉文化圈内的朝鲜、日本等地，甚至远播欧洲……18世纪中叶，中国园林艺术，犹如空谷足音在欧陆引起强烈的反响，开启了欧洲人研究中国园林、仿建中国园林的风气。”两个多世纪过去了，中国古典园林不但被列入世界文化遗产，而且为许多国家所汲取、借鉴、模仿、融合，这是值得自豪的，也是中华文化自信的体现。只有民族的，才是世界的。中国园林艺术是展示中国优秀文化的重要载体，也是展示中国美好形象的途径。我们要以中国园林作为中国精神、中国道德、中国艺术的物质载体，塑造“美丽中国”的良好形象，推动中国文化走出去。同时我们也要以博大的胸怀、开放的心态，博采众长，融合中西，借鉴、吸收国外先进的造园理念、技术和方法。

将“美丽”写在中华大地上，必须让中国园林紧跟时代，走向未来。进入新世纪，时代对园林艺术的发展提出了新的要求，人们对园林的功能提出了新的需求，对造园的材料、技术、技法等方面提出了更高的要求，园林艺术越来越成为综合性、交叉性的学科，需要运用美学、历史学、艺术学、园林工艺学、生态学等加以丰富和发展，让园林艺术更具生命力、吸引力，更富有活力，成为造福子孙后代丰厚的文化遗产。

要实现以上“三个走”，需要提高全民的园林美学修养，提高发现美、鉴赏美、领悟美、创造美的能力。而提高这些能力，无疑需要从中华经典中汲取营养。

《园冶》就是一部讲述中国园林美学的经典之作。本书以计成的《园冶》为范本，以中国古代名园特别是岭南四大名园为实例，运用中国造园之道法和中国美学理论，侧重阐述如何发现美、鉴赏美、领悟美、创造美，而对园林的建造技法则略讲，从而形成了园林自然之美、营造法式之美、艺术之美、人文之美的结构、体系，领略园林的审美理想、情趣、风格和境界。下面，让我们共读《园冶》，共同领略中国园林美学的思想精华和审美风格。

第一讲 《园冶》

中国园林美学的经典之作

讲《园冶》之中国园林美学，首先必须对园林美学的内涵，《园冶》的作者、主要内容和美学价值有一个大致了解。在这一讲里，对以上问题做一个粗略的讲解。

一、“园林美学”释义

“园林美学”是一门交叉学科，是中国古典艺术美学的一个分支。要讲清楚什么是“园林美学”，必须对“园林”的发展历史有一个大致了解，从而准确地加以把握。

（一）“园林”两字的汉字解读

汉字的“园”字，繁体为“園”。形声字，从囗，袁声。“囗”是用墙垣或栅栏包围起来的象形；《说文·囗部》：“園，所以树果也。”本义为种植花果、树木的地方。“园”又是比较完整的、众多因素构成的同一类别的独立整体，属于某个人、某个团体或某一类，如“幼儿园”“动物园”。“林”，篆书为会意字，从二木。“木”为树木，“林”为二木并立，表示众多树木在一起生长，木与木之间相连不绝。《说文·木部》："林，平土有丛木曰林。""园林"两字组合起来表示如下几个意义：

一是园林是一个由众多元素构成的独立的整体。"园"字从囗，表示用墙垣包围起来的空间，无论是皇家园林还是私家园林，都用围墙与外界阻隔开来，由建筑、山水、植物、艺术等要素构成，成为一个独立区域，是自成体系的整体。

二是园林以树木、花卉为主要元素。"园"的繁体字为"園"，"園"字，表示在围墙之内种植树木、花果。"林"字，则众木汇集，从这两个字可以看到，园林以绿色生态为基调，树木花卉既是植林景观，也是艺术景观。

三是园林是专供人游玩休息的胜地。"园"字以"元"，"元"为"玩"省"王"，意为玩耍、游玩。"园"也指在一定范围内供人玩乐的场所。我国的私家园林，从地域上可分为北方园林、江南园林和岭南园林。由于气候和地理、人文条件不同，各有其特色。一般来说，北方园林气势恢宏，江南园林典雅秀丽，岭南园林绚丽纤巧。中国有"四大园林"，分别是北京颐和园、承德避暑山庄、苏州拙政园、苏州留园。岭南也有

颐和园湖山胜景 〔清〕佚名

“四大园林”，分别是可园、清晖园、梁园和余荫山房。岭南“四大园林”小巧玲珑，布局精致，装饰精细，把江南精秀入骨的园林布局、岭南苍茂婀娜的佳木奇花、朴实无华的艺术风格熔于一炉，也是中国园林艺术的杰作。

四是园林是人类诗意的栖息地。园林是由建筑、树林、山水、工艺等元素组合而成，是集生态、艺术、人文于一体的生活空间，不但为人们提供了亲近自然、融入自然的环境，也为人们提供了修身养性、陶冶性情和愉悦身心的康养之地、修心之地。

（二）“园林”词意的变迁，揭示了“园林”发展的“前生今世”

“园林”两字也反映了园林的发展历史。园林最初叫“囿”，甲骨文为，字形为草木之外有墙垣，表示有围墙的园林。金文为， 表现聚集精粹。“囿”是中国古代供帝王贵族进行狩猎、游乐的园林，通常选定地域后划出范围，或筑界围栏，囿中草木鸟兽自然滋生繁育，是以狩猎为主的乐园。《诗·大雅·灵台》中有“王在灵囿”，讲的是大王在灵囿狩猎。后来，由“囿”演变为“苑”，“苑”从“艸”，表示与草木等植物有关。“夗”通“蜿”，为迂回、曲折之意。“艸”“夗”组合为“苑”，表示有植物、动物，且道路曲折回旋的地方，“苑”多指帝王游猎的场所。

东汉后期，皇家贵族阶层日益追求享乐，扩建旧宫苑，兴建新宫苑，形成东汉皇家造园活动的高潮。洛阳作为东汉之都城，城内诸多宫苑，以濯龙园和永安宫最大。张衡《东京赋》云：

濯龙芳林，九谷八溪。

芙蓉覆水，秋兰被涯。

渚戏跃鱼，渊游龟蠵。

永安离宫，脩竹冬青。

阴池幽流，玄泉洌清。

鹎鶋秋栖，鹘鸼春鸣。

雎鸠丽黄，关关嘤嘤。

这里面描写了濯龙园林木有“芙蓉”“秋兰”，山水有“九谷八溪”，动物有“跃鱼”“龟蠵”；永安宫有“修竹、阴池”“玄泉、鹎鶋、鹘鸼、雎鸠、关雎”等景观和飞禽。

在魏晋南北朝时期，中国园林由“苑”变为“圃”。“圃”字，金文为圃，“口”表示一定的区域，“甫”为田中生长的菜苗之形，后指种植花草苗木的园地。“竹林七贤”之一嵇康在《四言赠兄秀才入军诗》中，写兰圃，即寄情于“兰圃”的园林，他在诗中借兰圃表达了对兄长的思念之情。诗云：

息徒兰圃，秣马华山。

流磻平皋，垂纶长川。

目送归鸿，手挥五弦。

俯仰自得，游心太玄。

嘉彼钓叟，得鱼忘筌。

郢人逝矣，谁与尽言？

诗中嵇康想象在行军休息时领略山水之趣的情景，“兰圃、华山、平皋、长川”是他想象中的生活环境，在这样的大自然中，安闲、游览和垂钓、弦歌是基本的生活状态，表达了他所向往的怡然自得的自然环境和飘逸出世的人生境界。这个时期是中国古代园林史上的一个重要转折期。园林的空间规模明显缩小，景观不仅仅有自然景观，也开始有了人工景观，私家园林从写实转变为写意，把自然风景浓缩于园林之中。

到了隋唐时期，中国园林的囿、苑、圃统称为“园”，出现了皇家园林和私家园林，中国园林形成各自的体系和特色。唐代诗人陈子昂在《南山家园林木交映盛夏五月幽然清凉独坐思远率成十韵》中写道：

寂寥守寒巷，幽独卧空林。

松竹生虚白，阶庭横古今。

郁蒸炎夏晚，栋宇闕清阴。

轩窗交紫霭，檐户对苍岑。
凤蕴仙人箓，鸾歌素女琴。
忘机委人代，闭牖察天心。
蛱蝶怜红药，蜻蜓爱碧浔。
坐观万象化，方见百年侵。
扰扰将何息，青青长苦吟。
愿随白云驾，龙鹤相招寻。

诗人不但描写了园林的景观，还抒发了在园林中的心境和情趣。诗人独坐园林，看着松竹，心中无欲无求，看着台阶前的庭院，从古至今依旧完好，房屋的树荫，清爽阴凉。窗前远眺，青山苍翠，在这惬意的环境里似乎有一位女神在鸾歌抚琴。蝴蝶采撷芍药，蜻蜓贪饮绿泉。坐观万物，让人忘记世俗，脱离凡尘。作者使用“丛中庭”、“庭中卧”、窗前青山、素女旁坐、园林花香、蝶蜓欢乐，来表现私家园林的美景和愉适。这个时期的最大特征是文人加入造园的行列。唐朝的文人、画家以风雅、高洁自居，在造园中把诗情画意融入园林景观中，他们造出来的园，如浪漫的诗，如流淌的画。著名诗人王维、白居易等都是这方面的代表人物。

中国园林到了宋代进入成熟期。园林由山居别墅转向在城市中营造自然山水，涌现叠山、理水的造园特点。如北宋的寿山艮岳就是典型的写意山水园，园中用太湖石叠砌起硕大的假山，这个时期的园林体现了鲜明的山水特色。

明清两代是中国园林营造的高峰期。明代建造的园林主要有沧浪亭、留园、拙政园、寄畅园等；清代建造的有圆明园、避暑山庄、畅春园等。这个时期的园林不但模仿自然山水，而且融入了艺术元素和人文精神，形成了园中有园、大园含小园的风格，有天趣、雅趣、谐趣。这个时期形成了皇家园林和私家园林双峰并峙的局面，园林走进了寻常百姓家，不但精美的园林大量涌现，而且形成了完整而又独特的中国园林艺术。

从中国园林的名称变迁中，我们可以看到，中国园林是以为人类提供宜居、宜业、宜游的环境为宗旨，以建筑、山水、植物、艺术景观为主要标志，自然与艺术、人文相结合，富有中国文化特色的景观部落。

岭南园林萌芽于秦汉，成熟于宋元，兴盛于明清，除了具有中国古典园林的“雄、奇、险、幽、秀、旷”的特点以外，与江南园林、北方园林有所不同，形成独

拙政园 〔明〕文徵明

特的风格。一是具有亚热带风光特色，水石和花木以南方本地材质和植物为主；二是具有岭南文化精神，经世致用，务实致用，融合中西，典雅而又质朴，既有乡土味而又兼容西洋味；三是小巧玲珑，建筑造型别具匠心，花卉果木葱翠满目，成为自然生态景观和人文艺术景观。为此，有人说："不到岭南看园林，怎知南园春色如许！"

（三）何谓中国园林美学

什么是中国园林美学呢？我认为中国园林美学是研究园林艺术的美学特征和审美规律的学科。陈从周先生在《中国园林艺术与美学》一书中，系统地阐述了园林美学的内容，认为中国园林是自然、建筑、文学、艺术等的综合体，它体现出来的诗情画意是中国园林美学的反映，主张园林重在"构"，由"构"而"境"、而"趣"、而"美"。我以为中国园林美学的主要内容在于：一是阐述园林的时空之美，将有限的空间扩展到无限的空间，用时序的变化创造了变幻的景观；二是构调自然之美和艺术之美的融合，赋予自然景观以情趣和雅致；三是阐述园中布局、造型的形式审美法则，让园林中的建筑、山水、树木都成为艺术品；四是阐述园林艺术在居住休闲的功能下，对养生、怡情、修心三重功能的发挥等。概括起来，就是阐述自然之美、法式之美、艺术之美和人文之美。

二、《园冶》的作者及其创作经过

《园冶》的作者计成（1582—？），明末江苏苏州吴县人，字无否，号否道人。“否”是《周易》中的一卦。卦画为䷋，坤下乾上，“否”是“泰”的反面。“泰”是交通，“否”是闭塞。“泰”是上下交而志同，“否”是上下不交而志不同。《象》曰：“天地不交，否。君子以俭德辟难，不可荣以禄。”意思是说，君子应当有才不露，有德不显，有善不形，贞正自守，以德行信守自己，归隐保身，超然荣耀和俸禄之外，以避免灾难。这其实是“有道则见，无道则隐”的思想的表现。“否”也有阻滞闭塞、不通达之意。计成用“无否”做字号，表达了他的人生态度、心态追求。“无否”是没有闭塞，是否极泰来，表达了他对功名利禄的超然、顺天应命的人生态度以及通达的人生追求。计成在《园冶》的自序中对自己的生平以及写作《园冶》的经过做了介绍。他的人生经历可以概括为四个阶段，即绘画—研学—造园—著述。从追求学艺建功立业，转变为追求归隐立说，再到自在超然。具体来说，有如下几个经历：

一是自小喜欢绘画，小有名气。计成在《园冶·自序》中说："不佞少以绘名，性好搜奇，最喜关仝、荆浩笔意，每宗之。"意思是说：在少年的时候，计成就以擅长绘画而闻名乡里，且本性好遨游山水搜奇寻胜，最爱关仝和荆浩的云山烟水、气势雄浑的笔意，作画时常常仿法他们。绘画和园林有相通之处，绘画的"意在笔先"的构思，突出主体画面的构图、虚实相生的笔法，都被他运用到园林的营造法式之中。绘画的技艺无疑为他成为园林规划设计大师打下了良好的基础。园林犹如一幅优美的山水画，山水画的技法又可借用于造园之中。

二是有广泛的研学、游历经历，见多识广。计成在《园冶·自识》中说："崇祯甲戌岁，予年五十有三，历尽风尘，业游已倦，少有林下风趣，逃名丘壑中，久资林园，似与世故觉远。"他自小便有优游林泉的兴趣，因而寄情于山水之中，关注于造园，似觉疏远了许多人情世故。崇祯七年（1634），计成已经五十三岁了，历经尘世的艰辛，厌倦游历奔波的生活，故而安定下来，超然于功名利禄，向往于园林艺术，潜心于造园，并把造园的心得体会写下来，以求方便世人。这种安静的生活似乎远离了喧嚣的尘世。“读万卷书，行万里路”，是一个人获得知识和经验的途径，计成青年时代游历了燕京和西湖等地，中年返回家乡江苏，择居于润州。游学使他开阔了眼界，增长了见识，为园林设计积累了经验，增长了学问。在年过五十的时候，他决定把造园作为毕生的事业，把立言作为人生奋斗的目标！

三是在实践中摸索和总结造园经验，成为一个杰出的造园专家。他在《园冶·自序》中说：“环润皆佳山水，润之好事者，取石巧者置竹木间为假山，予偶观之，为发一笑。”计成记述了自己设计园林的起因和经过。他说，润州四面环山，风景优美，当地爱好园林的人，用形态奇巧的石头，点缀在竹树之间当作假山，他偶然见到了，不觉为之一笑。有人问：“你笑什么？”计成说：“听说世上有真的就有假的，为什么不借鉴真山的形象，而要假得像迎春神似的，用拳头大的石块去堆积呢？”有人就问：“你能叠山吗？”借此偶然的机遇，计成为他们叠了一座峭壁山，看到的人都赞叹道："竟然像一座好山！"从此，他的叠山才能远近闻名了。计成造园的实践得益于家乡村民的造园风气，这为他提供了一个施展才华的机会，使他叠山的声名远扬。恰巧，常州有一个做过布政使的吴于公，请计成为其设计和建设一个私家园林——独乐园。

计成因地制宜，不仅用叠石增其高，并且挖土使其深，令地上的乔木处在山腰，在部分外露的屈曲盘驳的树根间隙中镶嵌石头，这样就有了山水画的意境，再沿着池边的山上构筑亭台，使高低错落的亭台倒映于水面，再加上回环的洞壑和飞渡的长廊，其境界之美出乎人的意料。园林建成后，吴于公高兴地说："从进园到出园，虽只有四百步，我却感到优美的江南山水尽收我的眼底了。"后来，汪士衡中书又邀请计成在江苏仪征的銮江之西为他主持建造寤园。从此，独乐园和寤园闻名于大江南北。

其实，除了建成这两个园林以外，计成还在1623年为晋陵方伯建成了东第园，在1634年主持改造了郑元勋的扬州影园。这是计成大显身手的时期，他成功地建造了四座园林，把他的造园理论付诸实践，又在实践中丰富了造园理论。

四是把造园的理念、技法付诸笔端，著书立说。计成的造园技能得到了大家的认可，在实践中也发挥了他胸中蕴积的奇妙构思，他把造园的图式和文稿做了整理，题为“园牧”。当时，恰逢安徽当涂县曹元甫先生到寤园游览，曹先生鼓励他把这些建造方法用文字著述出来，并说：“这是一本自古以来没有听到和见过的著作，为什么叫作‘园牧’？这是你的艺术创作嘛，改称为‘冶’才恰当。”“牧”有管制、主管、抚育的意思，“园牧”应该是指园林的管理，相比之下，“园冶”内涵更为丰富和贴切一些。冶，为金属的铸炼，引申为造就培养。

王安石在《上皇帝万言书》中说：“冶天下之士，而使之皆有士君子之才。”“园冶”，指造园家在设计园林之时，要综合考虑多方面条件，使园中各要素相互关联，打造出有机统一的园林艺术品，同时也指培养造园的艺术人才。计成接受了曹元甫先生的建议，把书名改为“园冶”，并在明崇祯七年（1634）他53岁时完成了这本造园专著。

三、《园冶》的主要内容及其价值

《园冶》共分三卷，约一万四千字，并附有各类插图共235张。

卷一包括三个序言和六章正文。三个序言分别是《冶叙》《题词》《自序》，这是友人对计成和他的作品的评价以及计成对写作《园冶》的创作动因和经过的介绍。六章是《兴造论》《园说》《相地》《立基》《屋宇》和《装折》，总结了园林设计理论、规律和法则，描绘了江南文人的理想生活场景和审美情趣。

卷二的《栏杆》介绍了栏杆图案的设计样式，并附有栏杆图式100张。这些栏杆，不仅是几何图案，也是吉祥符号和艺术造型，今天仍然具有审美价值和实用价值。

卷三为《门窗》《墙垣》《铺地》《掇山》《选石》《借景》，系统地阐述了造园的具体技法，如叠山理山、铺装地面、选择石材和借景等方式，体现了计成的造园智慧和艺术追求。

《园冶》写成以后，一直默默无闻，不为人们所认识、所重视，出现了“墙内开花墙外香”的现象，首先在日本引起关注。陈植先生在《重印〈园冶〉序》中说：“四十年前，日本首先援用‘造园’为正式学科名称，并尊《园冶》为世界造园学最古名著，诚世界科学史之我国科学成就光荣之一页也。”日本学界的推崇，引起了中国学者的兴趣和重视，许多学者对其进行了推介，《园冶》也被认为是中国历史上第一部全面系统总结和阐述造园法则与技艺的著作。明朝进士、画家郑元勋在《园冶·题词》中评价说：“今日之国能，即他日之规矩，安知不与《考工记》并为脍炙乎？”意思是说，计成堪称古今国内造园能手，他的著作将成为后世造园的法则，又怎知《园冶》不会与《考工记》一起被人们称颂流传呢？郑元勋把《园冶》与《考工记》相提并论，给予了高度评价。《园冶》使中国园林成为一门独立的学科，对造园的宗旨、原则、营造法式和审美情趣做了系统的论述，可以说是中国园林学的奠基之作。下面，我主要从《园冶》的审美特征、审美规律和审美风格的角度分析其突出贡献。

第一，《园冶》强调了园林之美的创造主体是“能主之人”，是园林艺术建设的关键因素。

计成首先强调了建筑师、造园主是园林之美的创造者、审美者和享受者，充分体现了“以人为本”的思想。《园冶·兴造论》说：世人建造房屋，专以工匠为主，难道不知“三分匠，七分主人”的谚语吗？那么，

独乐园图（局部）〔明〕仇英

什么是造园的主人，也即起关键作用的人？造园主要由产业主、规划设计师和工匠三部分组成。计成说：“园林巧于因借，精在体宜，愈非匠作可为，亦非主人所能自主者，须求得人。”“能主之人”，就是指有思想、

有能力、会规划和设计园林的人，也即优秀的造园师。《园冶·兴造论》指出："第园筑之主，犹须什九，而用匠什一何也。"认为造园师在园林艺术的创造中起着九成的作用。计成在《园冶·掇山》中说："多方景胜，咫尺山林，妙在得乎一人。"在《选石》中又说："处处有石块，但不得其人。"所有这些都强调了造园师的关键作用。在造园的过程中，产业主起着决策和提供资金保障的作用，造园师起着规划和设计的作用，工匠则是具体的实施者。应该说，一个精美的园林是三者默契协同、共同创造的艺术品。

因此，园林艺术的创造关键在于人必须具有艺术素质和审美能力。计成认为人是园林之美的创造者、审美者和享受者，这一理念体现了人本思想，是正确的，也是可贵的，体现了园林审美的出发点和落脚点。

第二，《园冶》提出了园林之美要顺应自然、师法自然、妙造自然的营造理念。

园林是以自然、绿色、生态作为基础的，是以"天人合一""物我一体"的生态文明思想为指导的。为此，建园要与自然为友、亲近自然，而不是人为地破坏自然。在审美上，要注重体现自然之美。这种自然之美遵循了自然规律，是人与自然的和谐相处、共生共存。计成在《园冶·园说》中提出了“虽由人作，宛自天开”的观点，认为园林虽然是人工建造而成，但其景观应如天然形成一般，其自然山水“象天法地”，又经过艺术提炼，在有限的空间中“移天缩地”，创造出通天接地、引风生香的最佳空间。这是计成造园理论的核心和宗旨，是对中国古代园林审美思想的精辟概括。

园林在“顺应自然”的基础上，也要“师法自然”，大自然是造物主，有鬼斧神工之能，造园应顺应自然之势、之法、之功。为此，计成在建筑、山水的营造中提出了具体做法。如设置建筑，安排好门、堂、栏、亭、榭、楼、台、阁、馆、斋、舫、墙的合适位置。门，“象城堞有楼以壮观也”；堂，“当正向阳之屋，以取堂堂高显之义”；斋，“惟气藏而致敛”；室，“自半已后”；馆，“散寄之居”；楼，“堂高一层者是也”；台，“筑土坚高”；阁，“四阿开四牖”；亭，“人所停集也”；榭，“藉景而成者也”；轩，“宜置高敞”；廊，“宜曲宜长则胜”。又如经营山水。人工的山、石级、石洞、石桥、石峰都要显示自然的美色。人工的水，岸边曲直自如，水在流动，川流不息。所有建筑，其形与神都要与天空、大地的自然环境相吻合，同时，园内的各个部分与自然衔接，使园林朴拙、自然、生态、宁静，达到移步换景的效果。

园林在“师法自然”的同时，更高的境界是“妙造自然”，高于自然。园林的功能是为人提供生活、休息、游览、养性、修心的空间，每一个设施和一草一木都要适应人的生活需要和审美情趣，为此，必须因地制宜、加工、改造、提升，必须发挥人的主观创造性，源于自然，又高于自然，成为宜居、宜游、宜学、宜乐之地，适应人的工作、生存、生活的需要。“妙造自然”不能拘泥于固定模式，要因地、因人、因时而变，既遵循法式，又无定式。计成在《园冶》中提出了“构园无格”的思想，强调造园要勇于创新，富有个性，形成独特的风格。他一方面批评了那种简单模仿的不良风气，指出了既要有效运用成法，又要不拘泥于成法，与时俱进，随机应变，因时、因地、因人建造富有艺术个性的园林，这就把“异想天开，别出心裁”的创造美当作审美的最高境界了，这个审美思想是对中国美学思想的丰富和发展。自然山水虽然有它们自身的生态形象，但在造园中不能简单地复制，而应当经过概括、提炼，对自然形象进行再创造，这样，才能以小见大，得自然之神韵。比如堆山，无论是用土还是用石，切忌二峰并列如笔架的呆板形式，应像天然山脉一样有主有从，有高有低。山的大小与走势依园林景观的要求而言，园内景观以开阔为主或者以出深为主，堆山之多少与高低都会不同。如果以土为主的堆山，则可在山上广植花木，使山体郁郁葱葱，并可在山的上下散置少量石块，如同石自土出。如堆山以石为主，则在石间培以积土种植少量花树，使其具有自然生气。若用石太多，虽属乖巧尖石，也会失去自然之趣。

既“师法自然”又“巧夺天工”“妙造自然”，这是把园林从自然生态园推向艺术园的一个升华，这个建园理念不但体现了中国“会通六合”的精神，体现了人类社会未来的发展方向，体现了人类环境共同体的意识，又体现了“以艺合道”的理念，从简单的摹写自然山水，到用写意传神，把园林进行营造和升华，这就把自然美与创造美融为一体了。

第三，《园冶》将真、善、美的统一，作为园林美学的审美内容、审美品格和审美风格。

在园林的物质形态的构建上，计成首先强调“真”。

《园冶·自序》中写道："予曰：世所闻有真斯有假，胡不假真山形，而假迎勾芒者之拳磊乎？"计成说：我听说世上有真的就有假的，为什么不借鉴真山的形象，而要假得像迎春神似的，用拳头大的石块去堆积呢？造园的美学规律之一就是假生于真，以假拟真。他在《园冶·掇山》中还说："有真为假，做假成真。""夫理假山，必欲求好。要人说好，片山块石，似有野致。"这就是说要"源于自然"，又要"超乎自然"，使园林成为一幅"天然图画"。园林是为人所造、为人所用的，仅有自然之美是不够的，必须体现造园者的人生理想、生活情趣和处世态度，这就必须讲究一个"善"字。园林是一个人的"心灵家园"，是一个人心灵的栖居，所有的建筑、树木都反映了园主的精神、道德、情怀、志趣，这是园林的灵魂，这个灵魂是园林"无形"的元素，必须融入各种实体元素之中。这种"园"特别体现在园林的名称、建筑的命名、匾额、对联、绘画、书法、工艺美术之中。它是对真的升华，是园林的人文精神。园林主人的人生观、价值观决定了园林的景观构成和艺术形态。

"真""善"是园林之美的本质，必须通过"艺术”的形式，也即“美”的形式表现出来，为此，计成提出了“雅致”的园林审美风格。他在《园冶·墙垣》中说：“从雅遵时，令人欣赏。”园林“遵雅”将“雅”作为建园的基本艺术格调，以造出可游可居、可行可望、畅神怡情的理想环境。因此，园林的建设要将中国的各种艺术形式加以综合运用，使每一个景观都成为一个艺术品。

综观《园冶》对园林的审美境界，可以概括为，园林生态良好，为人们提供优质生活环境的康园，这就是用自然山水生态为人提供一个生活的场所，成为健康养生之地；园林是乐园，这就是赏心悦目，让身心都得到愉悦；园林是艺园，这就是运用文化艺术的手法，融入了园林的建筑、山水、植物之中，陶冶情趣、兴趣、雅趣；园林也是心园，这就是使人的心灵得到宁静、自由，成为一个精神家园。

第二讲

天然

中国园林的自然之美

中国园林以自然山水为主要特征，特别重视遵循大自然的运行法则，建园师又给予典型化的提炼加工，使之既源于自然又高于自然。为此，计成强调了造园最基本的要求是遵循自然规律，追求自然生态之美。他提出了“虽由人作，宛自天开”的造园理念，体现了中国人尊重自然并与自然相亲相近的理念和造园追求。

《红楼梦》写了大观园建园的理念就是“天然”二字。第十七回“大观园试才题对额”中写道：“今见问‘天然’二字，众人忙道：别的都明白，为何连‘天然’不知？‘天然’者，天之自然而有，非人力之所成也。”曹雪芹借宝玉之口，认为稻花村作伪，说：“却又来！此处置一田庄，分明见得人力穿凿扭捏而成。远无邻村，近不负郭，背山山无脉，临水水无源，高无隐寺之塔，下无通市之桥，峭然孤出，似非大观。争似先处有自然之理，得自然之趣，虽种竹引泉，亦不伤于穿凿。古人云‘天然图画’四字，正畏非其地而强为其地，非其山而强为其山，虽百般精而终不相宜……”曹雪芹也是一个园林艺术方面的专家，指出了“天然”就是自然而有，顺应自然，不“非其地而强为地，非其山而强为山”，不能有太多太大的人工痕迹，不能“人力造作”和“穿凿”，要“有自然之理，得自然之趣”，才能达到“天然图画”的境界。《园冶》也是将“天然”作为造园的基础理念和最基本的原则。

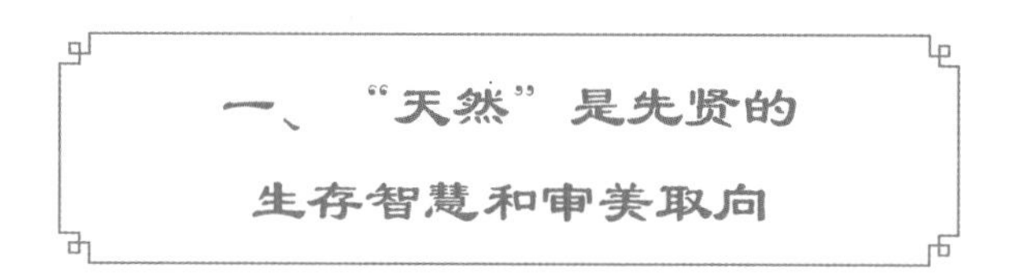

一、“天然”是先贤的生存智慧和审美取向

中国传统文化历来将自然生态之美作为园林营造的价值取向和追求目标，强调了人与自然的和谐相处、共生共荣。“天然”体现了“真与美”的统一和“自然要旨”，是宏大的宇宙意识在审美境界中的具体化。

《周易》是中国最早强调自然之道的一部经典，强调天道、地道与人道的相互融合和贯通。《易传·系辞下传》中说：“《易》之为书也，广大悉备。有天道焉，有人道焉，有地道焉。兼三才而两之，故六。”这里讲的“三才”是指天、地、人，“两之”说的是天地人在卦爻中的位置。卦有六爻，上两爻代表天，下两爻代表地，中间两爻代表人，三者共存在一个统一体中。天、地、人各有其“道”，天之道在于“始万物”，地之道在于“生万物”，人之道在于“成万物”，天、

清院本十二月令图轴（四月）　〔清〕清代画院

地、人三者虽然各行其道，但又相互感应，相互联系，相辅相成，这是中国最早提出的“天地人合一”的思想。《易经·乾卦·文言》云：“夫大人者，与天地合其德，与日月合其明，与四时合其序，与鬼神合其吉凶。先天而天弗违，后天而奉天时。”《周易》在这里讲，有君德又有君位的大人，他的思想、意识和行为要与天地、日月、四时、鬼神合拍，即与天地的德行相一致，与日月运行相适应，与四时变化顺序相合拍，与鬼神预知的吉凶相呼应。在自然规律没有显现前就开始行动且不违背天道，他的行动符合自然规律且不违背天时。这就是与自然规律相同。这里讲的鬼神不是民间传说、迷信中的鬼神，而是指造化之迹，即自然规律之功用和大化。“先天而天弗违”，这是不违背天道，而又干出开创性的事业。“后天而奉天时”，是做顺应时势的事，做合乎自然规律的事。《周易》强调了人的行为要顺天应命，这是生态文明的思想源头，也是中国园林建设的核心建院理念。

儒家继承和发扬了《周易》“天地人合一”的思想，提出了“天人合一”的主张。《论语·泰伯》中说：“唯天为大，唯尧则之。”意思是：“只有天是最伟大的，只有尧能效法天。”在《论语·季氏》中，孔子说：“君子有三畏：畏天命，畏大人，畏圣人之言。”孔子强调要敬畏天命，即自然规律。汉代大儒董仲舒认为“天人相类”“天人同构”，主张“天人合一”。他在《春秋繁露》中说：“天人之际，合而为一。”他说：“天亦有喜怒之气，哀乐之心，与人相副。以类合之，天人一也。”他认为人与天是互相感应的，“人生有喜怒哀乐之答，春秋冬夏之类也。喜，春之答也；怒，秋之答也；乐，夏之答也；哀，冬之答也。天之副在乎人，人之情性有由天者矣”。他还认为天地自然作为人的生存环境，天生长万物以供养人，人可以“取天地之美以养其身”；同时，人又必须“循天之道”，“与天地同节”。（《循天之道》）他认为人类是天地万物中的一个组成部分，人与自然是息息相通的整体。人生活在天地之间，随自然的变化而变化，随自然的运动而运动，人要“承天而时行”，做到“顺乎天而应乎人”。同时，儒家也主张改造自然，利用自然，让自然造福于人。中国园林中的建筑布局的中轴对称，园林中的景物大都寄情于景、以物托德，体现了自然之美与人文之美的融合。天人和谐是天地之道，

“天、地、人”是一个整体，这一理念对于人类社会的可持续发展具有深刻意义。

在道家学派中，“天然”的理念就更突出了。老子的《道德经》中说：“人法地，地法天，天法道，道法自然。”老子把“自然”作为最高法则，认为“道”也必须遵循“自然”的法则。《庄子·齐物论》也认为天与人皆出于道，“天地与我并生，而万物与我为一”，强调“贵真”，追求超乎一切世俗功利性的理念，以达到“以天全天”式的“至美至乐”的审美境界。道家认为“道大、天大、地大、人亦大”，在这“四大”中，人应该尊重自然、效法自然、顺应自然，不应当横加干涉自然万物的生长；必须顺应四时的自然规律，不能与自然处于对立的、敌对的状态，而应与“天地万物合而为一”，即成为自然共同体。道家“取法自然”的理念，要求尊重自然的本性，而不人为地破坏和改变自然的本性；主张返璞归真，把自然美与人工美结合起来，构建虚实相应的空间，使园林趣味横生。

佛学，特别是禅宗也倡导“天人同一”观，《五灯会元·卷一》说：“天地与我同根，万物与我一体。”僧侣追求“佛国仙山”的自然环境，大多上山修炼，所以有“天下名山僧占多，世上善言佛说尽”的说法。佛家追求在白云幽谷、青山绿水、鸟语花香、清风明月、池泉古韵的自然、清静的环境中修禅，觉悟天地之道、人生之理、生命之奥，一如清风、明月、青山、绿水般自然圆润。

寄畅园图·曲涧　〔明〕宋懋晋

中国园林的审美境界，以宇宙观、人生观作为思想基础和哲学思辨，建立在“天人合一”“物我一体”“主客相通”的思维方式之上，关注人与自然的相互关系，强调既要顺应自然，又要改造自然，将“真”作为造园必须遵循的法则，把真与善、善与美、情与理，统一于自然之中，追求人与自然的和谐，将这种审美观直接运用到园林的空间中。

在构建自然之美的理念的指导下，中国园林总是遵循“天时”，利用“地利”，实现“人和”，将建筑、山水、植林、工艺有机地融合在一起，从而创造出人与自然协调共生、天人合一的艺术空间。

今天，随着工业化和城市化进程的加速发展，人类的生存环境面临着越来越多的挑战，水资源、空气、土壤等污染成为威胁人类生存和发展的突出问题。中国的改革发展进入高质量发展的时代，应当说，人们的衣、食、住、行与发达国家相比，差距已经不是很大。但是，环境、科技、教育则仍然有较大的距离。为此，我们提出了建设环境友好型社会，建设园林城市的战略目标，这既顺应时代的发展要求，也顺应了广大人民群众“回归自然”“返璞归真”的渴望和愿望。中国园林以自然为友、人与自然共生的取向，代表了时代未来的发展趋势；园林生活为人们提供了“绿色空间”、静心养性的生存环境，反映了人们对美好生活的向往，应当大力倡导，让更多园林小区、园林村庄、园林小镇、园林城市涌现出来，这样，我们才能自豪地说，我们生存的这片土地是宜居、宜养、宜游之地，是身体、心理的颐和、修养、康养之所！

二、“天然”要尊重自然，顺乎自然

中国古典美学，把“天然”作为最高的审美境界。刘勰的《文心雕龙·原道》中说：“云霞雕色，有逾画工之妙；草木贲华，无待锦匠之奇；夫岂外饰，盖自然耳。”这是就“天地有大美而不言”，世上万物遵循天地之道和四时变化，产生了绚丽、多彩之美。云霞、天地有鬼斧神工之力，草木之美都源于自然。自然之美是自然之性与社会之性的统一，表现为自然物，如形体、色彩、声音、线条以及各个部分之间的和谐统一。

（一）自然之美，以“真”字作为审美理念

自然之美，就是顺应自然、崇尚本真。在“真、

善、美”这三者中，“真”居首位，更是事物的内在本质。为此，计成提出中国园林的构建必须遵循首要美学规律，这就是“象天法地”，做到“假生于真，以假乱真”。他在《园冶·自序》中批评有些将假山做“真假”的现象，说：

环润皆佳山水，润之好事者，取石巧者置竹木间为假山；予偶观之，为发一笑。或问曰：“何笑？”予曰：“世所闻有真斯有假，胡不假真山形，而假迎勾芒者之拳磊乎？”或曰：“君能之乎？”遂偶为成“壁”，睹观者俱称“俨然佳山也”。遂播闻于远近。

中国园林都少不了要“掇山”，一般来说都有一座假山，假山是一种造型艺术作品，其根源来自自然界中的真山之美。假山虽然是假的，却贵在假得很真。有峰、有峦、有嶂、有洞、有瀑布，要“岩、峦、洞、穴之莫穷，涧、壑、坡、矶之俨是”。“夫理假山，必欲求好，要人说好，片山块石，似有野致。”（《园冶·掇山》）这也就是说，造园师胸中要有从大自然中得来的真山意象，做到胸有丘壑，然后掇山理石，使假山具有真的形态和气韵，讲求“假自然之景，创山水真趣，得园林意境”。总之，就是要合乎天地自然之美的规律，没有明显的人工拼叠的痕迹，挖池堆山，做到自然曲折，高低起伏。栽种花木，疏密相间，具有天然野趣，做到形似、意真，体现自然的原生态之美。

（二）自然之美要用科学和艺术的手法“叠山理水”

山水是中国园林的骨架，如果说山支起了园林的立体空间，水则开拓了园林的平面疆域。山因水活，水随山转，山水相依，相得益彰。可以说，没有山水就不能叫园林。孔子说：“知者乐水，仁者乐山。知者动，仁者静。知者乐，仁者寿。”（《论语·雍也》）意即，智慧的人喜爱水，仁义的人喜爱山；智慧的人懂得变通，仁义的人心境平和。智慧的人快乐，仁义的人长寿。山水是人类不能离开的大环境，人与山水相依相连，山静水动，山稳水灵，天造地设，阴阳相衡，形成了自然的造物之美，也成为中国园林建园史上最为巧妙精致的造物景观之一。因此，有“造园必须有山，无山难以成园”的说法。

园林之中用天然土石堆砌假山的技巧称之为叠山，它是中国园林最典型、最独特的造景方法。一般来说，要让山有形、有脉、有势，让水有灵、有曲、有情，创造自然野趣。计成在《园冶·掇山》中说："有真为假，做假成真；稍动天机，全叨人力。"意思是说：有了真山的情境来造假山，人工堆叠的假山要如同真山一样；构思山体的结构和形态虽然要凭借天赋和悟性，但最终全靠人力实现。计成认为叠山虽然是"有真有假"，但是应该尽量做到"以假乱真""以假成真"。中国古典园林的洞壑溪涧、山光水色、树木花卉、花鸟虫鱼，不是机械地模仿大自然，而是提炼以后的富有意

止园图之飞云峰北侧 〔明〕张宏

趣的山水形态。那么，如何构造山水的自然之美呢？计成提出了如下要求：

第一，依山傍水。计成在《园冶·相地》中说："如方如圆，似偏似曲；如长弯而环璧，似偏阔以铺云。高方欲就亭台，低凹可开池沼。"意思是说，园林布局要利用天然的地形，或方或圆，顺坡而建，依曲而造。长而弯曲的地形，逶迤回环如同玉璧；宽阔而倾斜的地形，层层跌落如同铺云。高处应该构筑亭台，低处可挖池沼。叠山理水的常见方式就是依山傍水，山水相依，一刚一柔，一动一静，既有阳刚之美，又有阴柔之美，既有静态之美，又相映成趣，奥妙无穷。

第二，自成天趣。计成在《园冶·相地·山林地》中强调"天然之趣"，说："园地惟山林最胜，有高有凹，有曲有深，有峻而悬，有平而坦，自成天然之趣，不烦人事之工。"计成认为山林地的原始环境最好，可以巧妙地利用好地形，顺地势构筑，保持原有的地貌，自成天然之趣，不必人为建造。道家主张返璞归真，以朴拙为美。中国传统的审美观也以野趣、奇趣为美，园林山水的天然之趣，其实是具有野趣，也即保留着自然的本色和原生态、原风貌和自然气息。

第三，山贵有脉。无山不成园林，山无脉则无气势。有些园林造山不美，根本原因在于“山无脉”，没有自然的景致和山的气象。计成在《园冶·掇山》中强调叠山有脉、有势、有意境。他说：“立根铺以粗石，大块满盖桩头；堑里扫以查灰，着潮尽钻山骨。方堆顽夯而起，渐以皴纹而加；瘦漏生奇，玲珑安巧。峭壁贵于直立，悬崖使其后坚。岩、峦、洞、穴之莫穷，涧、壑、坡、矶之俨是；信足疑无别境，举头自有深情。”计成在这里讲了叠山的方法，先用粗石铺底，再拣大石块覆盖桩头；坑里要填满石渣石灰，潮湿的地基需要全用石块打底做山骨。先用顽劣石块垫底，逐渐用有皴纹的细石叠砌在外表；山峰“瘦”“漏”自然奇观，形态玲珑全靠理石巧妙。堆山峭壁，贵在突兀耸立；叠悬崖，要使悬空的石块后部坚固。人工叠造的岩、峦、洞、穴要深浅曲折莫测，涧、壑、坡、矶要形象真实自然；信步所至，本认为再无别境；抬头望去，空灵景色自有深情。计成在这里讲叠山要效法山水画的深远意境，余情丘壑，得自然景致，山要有峰、有峦，高低起伏，而形成一条山脉，使之产生气势；山要有岩、峦、洞、穴，富有层次性，产生立体感。他说：“结岭挑之土堆，高低观之多致；欲知堆土之奥妙，还拟理石之精微；山林意味深求，花木情缘易短。”意思是说，挑土堆成山岭，高低起伏，形态多姿；要知晓堆土山的诀窍，在于把握叠构石山的规律。人工山水要有山林意味，一花一木要让人触景生情。山，既要厚实，又要瘦漏，既要有峰峦叠嶂，又要有洞穴山涧，山势巍峨，山脉延绵，必然自有情趣。

第四，水贵有源。水是园林的血液，流动的水给园林带来了灵动、活泼、清凉和灵性。园林是山水相依，无水不成园，奔涌荡漾的空灵水景是园林之魂。园林要山环水抱、水随山转、山因水活。中国园林理水，主要有两个方面：一个是静水，指园林中成片汇集的水面，常以湖泊、池塘等形式出现。静水能体现园内景物的倒影。另一个是动水，也即流动的水，常以泉漾、溪涧、河流等形态出现，给人带来流水哗啦、叮咚的听觉之美。对此，计成在《园冶》中有许多论述：

《园说》：“纳千顷之汪洋，收四时之烂漫。”

《立基》：“开土堆山，沿池驳岸。曲曲一湾柳月，濯魄清波；遥遥十里荷风，递香幽室……桃李不言，似通津信；池塘倒影，拟入鲛宫。”

《相地》："立基先究源头，疏源之去由，察水之来历。"意思是说，规划园内房屋布局时，先要探求水源所在，疏通水的出路，考察水的来历。理水，关键在于有源头活水。"问渠那得清如许？为有源头活水来。"园林内外的水可贯通，园林中流动的活水给园林带来无限生机。水体直接影响园林的生态环境，水脉畅通可以保持风景清新的活力。水无源，必成死水一潭，

东庄图·西溪 〔明〕沈周

这是建园的一大忌。

《借景》说：“堂开淑气侵人，门引春流到泽。”形容清新的水流给园林带来了舒适感和灵动感。

《红楼梦》第十七回写了大观园的水是有源头的活水，曹雪芹写了大观园的水源及其流向：“会芳园本是从北角墙下引来的一股活水，今亦无烦再引。”“引客行来，至一大桥前，见水如晶帘一般奔入，原来这桥便是通外河之闸引泉而入者……”“原从那闸起流到至那洞口，从东北山坳里引到那村庄里，又开一道岔口，引到西南上，共总流到这里，仍旧合在一处，从那墙下出去。”可见，大观园的水源是从宁国府后院会芳园北墙角引入，水流从东北山坳里经西北萝港石洞（可过船）引至西南上再流到东南，从怡红院附近流出。大观园的水随山而转，几遍全园。

那么，如何“理水”呢？计成强调园林中的水要曲折流动。《园冶·掇山·曲水》中写道：“曲水，古皆凿石槽，上置石龙头喷水者，斯费工类俗，何不以理涧法，上理石泉，口如瀑布，亦可流觞，似得天然之趣。”计成认为，古人作曲水，大都凿一石槽，上游是喷出水的石龙头，这样制作，不仅费工，而且庸俗，为什么不用理涧的方法，在上面做成石泉，泉口出水如同瀑布，也可用以泛杯饮酒，似乎得天然之趣。我们都知道，《兰亭序》是王羲之等文人雅士在曲水流觞中赋诗而创作出来的。园林中的水要曲，蜿蜒流动，要呈一股清流，环园流动，从而使全园灵动起来，如果加上潺潺流水之声，配以金鱼遨游，就能形成声色的交响，从而产生自然之趣。

明代文震亨《长物志》云："石令人古，水令人远，园林水石，最不可无。要须回环峭拔，安插得宜。一峰则太华千寻，一勺则江湖万里。"大观园的自然生动，得益于山水的高超处理。中国园林讲究山贵有脉、水贵有源，脉源贯通，全园生动。

园林要用山石垒砌假山，起伏有致，高低变化，质朴野趣；但仅有山是不够的，还要造好水景、山景，呈现山水交融的美妙境界。

（三）自然之美要以绿色为基调

园林的自然美建立在自然生态的基础上，如果说园林中的水有如人体的血液的话，植林则是园林的皮肤。在园林中，栽植树木，蓄养鱼鸟龟鳖，首先可以净化环境，园林中的植物可以产生负离子，隔除噪音，可以遮阴，清洁空气；其次，是可以绿化和美化环境，园林中的花木具有观赏、分割空间、组景的作用，能呈现形、色、香、味之美，从而以奇异的形状、独特的色彩、盎然的感性唤起人们的美感，使园林富有生机、生气和生动。

计成在《园冶·园说》中说："梧阴匝地，槐荫当庭；插柳沿堤，栽梅绕屋；结茅竹里，浚一派之长源；障锦山屏，列千寻之耸翠。虽由人作，宛自天开。"这里说，梧桐的影子覆盖遍地，槐树的阴凉洒满庭院；沿堤栽杨柳，绕屋种梅花；在竹林中修葺茅屋，疏浚水道引出一派长流；锦嶂如屏，掇造排列千寻青山。这些虽由人力建造而成，看起来却如同天工开辟一般。计成在这里讲园林要栽培树木使草木繁茂，生机勃勃。

宋人郭熙说："山以水为血脉，以草木为毛发，以烟云为神采。"植物是园林绿色基调的体现。园林林木的选择，不重求多，而在于求特，应当选择适合当地土质、气候的植物，选择色香味俱全的植物，选择具有情趣、意境的植物。花木重姿态，更重情趣。如苏州留园多白松，怡园多松、梅，沧浪亭满种箬竹，各具风貌。园林中的花草树木，以观赏为主，同时也赋予造园的性格特征。《红楼梦》第三十七至第四十回中描写了大观园中的植物，便有菊花、翠竹、海棠、红梅、芭蕉、梧桐、蘅芜、芦苇、荷花等数十种，更不必提其他章回中的蔷薇、牡丹、芍药、荼蘼、月季、菱角花等。这些植物的作用或是取自然之趣，或是与山水构成独特景观，最重要的一点是植物与人的精神世界相结合，显露出人的品格。如：芍药圃的芍药烘托出湘云的娇憨可爱，栊翠庵的红梅烘托出妙玉的孤傲高洁等。

园林中的花木植物讲求色、香、味、形。

"色"就是植物要五颜六色，丰富多彩，春、夏、秋、冬都可见到鲜花盛开，如春季有兰花之素雅，夏季有荷花之映日，秋季有硕果之满园，冬季有蜡梅之飘香。同时，植物花木要与园内的环境相协调，如湖泊、池塘边可以栽植桃柳，桃红柳绿相映成趣，在水中形成若隐若现的倒影。池塘中适量种植荷花、睡莲等水生植物，以点缀水景。建筑物墙壁种植爬墙虎、炮仗花、常春藤之类的攀爬植物，以达到垂直绿化之功效。

"香"就是选择具有香味的植物花木，如梅花之暗香、荷花之清香、兰花之幽香、桂花之浓香等，给人们带来嗅觉的享受。

“味”就是种植可以给人无限品味、回味的植物花木。中国园林讲究“古、奇、雅”，在花木的选择上也同样有这样的追求，为此，要选择带有象征意义的植物，如娇艳的海棠、多姿的杨柳、常青的芭蕉、富贵的牡丹、典雅的兰草、相思的红豆、多子的石榴等，既让花木发挥生态、美化的功能，又能引发人们美好的联想，使园林充满生机和风采。

“形”就是种植不同形状的植物花木，既要有古树、大树，又要有小草、盆景，形态各异，多姿多彩。当然，有些植物的形态也需要人工修剪。

园林中的花木栽植，讲究因时、因地制宜。岭南气候炎热，在树种选择上以遮阳为主。南方雨量充沛，冬季不是很冷，适合热带植物的生长，为此，植物的品种可以多样一些。岭南四大名园之一的清晖园可以说是一个“天然植物园”，植物的品种是四大名园中最多的，有银杏、龙眼、白兰、落花、玉堂春、鸡蛋花、紫藤、灯笼花、罗汉松、豆蔻、人参果、苹婆、山茶、九里香、鱼尾葵等，既是花园又是果园，花繁叶茂、四季飘香，如果认真观赏植林，都需花一天的时间。

此外，青山绿水，秀林花香，如无鱼鸟龟鳖，也会少了情趣和生机，因此要在池中养鱼，树见鸟栖息，形成鸟语花香、鱼翔浅底的自然之景，形成动静成趣、形声交融的天然之趣。

（四）自然之美要善用天地时序的光影

中国园林的空间之美，主要体现在叠山、理水、建筑和花木景观上，而时间之美则是对天地时序的光影的运用。中国园林的审美活动是伴随时间的流动而进行的，一年四季，一天四时，随着太阳、月亮和地球的运行，会产生不同的光影，形成不同的自然景致，产生动态之美。“万物静观皆自得，四时佳景与人同。”园林假如无水、无影、无声，则无以言天然、天趣、天意。园林的春发、夏长、秋收、冬藏都会产生不同景象，给人以神奇的奥妙之美，形成花影、树影、水影、屋影，这种天象之美与时空自然景观的变化和动植物的景致相映成趣。宋代郭熙在《林泉高致》中描绘四时季节的变化为“春山澹冶而如笑，夏山苍翠而如滴，秋山明净而如妆，冬山惨淡而如睡”。正是受着自然界色彩斑斓、多姿多彩的启发，才造就了中国园林的自然之美。

计成在《园冶·借景》中指出，造景要密切配合一年四季变化的气候和景色。他认为园中景物，四季不

《红楼梦》系列 之万紫千红的大观园　〔清〕孙温

同。他用诗意的语言对四季时序的变化做了生动描写：春天里，“扫径护兰芽，分香幽室；卷帘邀燕子，闲剪轻风。片片飞花，丝丝眠柳”。夏天里，“林阴初出莺歌，山曲忽闻樵唱，风生林樾，境入羲皇”。秋天里，“苎衣不耐凉新，池荷香绾；梧叶忽惊秋落，虫草鸣幽”。冬天里，“雪冥黯黯，木叶萧萧；风鸦几树夕阳，寒雁数声残月”。计成指出，太阳光线的照射产生了四季不同的影像，这种自然光的作用会产生无穷的自然之美。他在这里除了讲光带来的视觉之美以外，也讲了声觉、味觉，如夏日黄昏："山容霭霭，行云故落凭栏；水面鳞鳞，爽气觉来攲枕"。即是说，远借山光云气，近借水面波纹，令人神清气爽。自然光影不但取之不竭，而且变幻莫测，在建造房屋和栽培植物时，必须巧妙加以利用。这不但是一个经济的造园方式，也能获得自然的雅趣。

（五）自然之美要注重气韵生动

大自然中的"气"是一种动感，是生命中的节律。气，派生出形、精、神，自由变化为各种流动的景象。中国园林的气韵之美呈现为聚气、和气、纳气和有序的节奏，把人工美与自然美结合起来，宛如一幅自然式的山水图画。

气韵之美要巧妙地利用好地势，园林整体上能够纳气。计成在《园冶·相地》中说："如方如圆，似偏似曲；如长弯而环璧，似偏阔以铺云。高方欲就亭台，低凹可开池沼。"这是说，园林布局，要利用天然的地形，或方或圆，顺坡而建，依曲而造。长而弯曲的地形，委婉回环如同玉璧；宽阔而倾斜的地形，层层跌落如同铺云。在这里计成指出园林地形的选择，最好是前水后山，前低后高，低洼山丘，委婉曲折，低处可开池塘，高处可建亭台，具有吐纳大气的地形，这是最佳的选址。

气韵之美要善于选择大门、堂门的方位，以利于和气。计成在《园冶·立基》中说："凡园圃立基，定厅堂为主。先乎取景，妙在朝南。"这是说，凡是规划园林建筑物的地基时，应该把厅堂定为全园的主体建筑，以方便观景为首要标准来确定厅堂的位置，厅堂的大门最好朝南。"坐北朝南"是最理想的方位，这是因为自然气流的流动，夏日和爽的南风往往带给人们以清凉；相反，如果"坐南朝北"，冬天寒冷的北风必然往屋里灌，给人带来刺骨的寒风，不利于身体健康。大气所形成的风，只有柔和的南风能够和气，能给人带来舒适感。

气韵之美要使立体景象曲折含蓄，以利于聚气。大自然中大气的运行如无阻隔，必然会穿堂而过，为此必须以"曲"和"隔"让气流转曲折。计成在《园冶·相地·城市地》中说："开径逶迤，竹木遥飞叠雉；临濠蜒蜿，柴荆横引长虹。"意思是说：园林道路要曲折逶迤，竹林树丛中隐约现出斜飞的叠雉；挖成曲折的池沼，使之于柴门之内，横接长桥。《园冶·相地·村庄地》：“约十亩之基，须开池者三，曲折有情，疏源正可。”意为十亩的园林地基，当用十分之三的面积开挖成池塘，应该曲折有致，正好疏导源流。园林的长廊往往随行而弯，依势而曲，是顺地形曲折和显隐散布的建筑典型。曲折的廊、曲折的路，其实是为了引导“气”的曲折流动。

岭南园林以自然山水为底色，布局喜用几何形的空间组合和图案方式，以获取庭园空间的多变性和丰富性，池水多用几何形池，以叠石泊岸；植物以地方观赏植物和亚热带植物为主，也是为营造气韵生动的自然美。

三、“天然”要师法自然，妙造自然

中国园林的自然生态之美既要师法自然，又要妙造自然，创造出“第二自然”，因地制宜，取诗的意境塑造园林的魂魄，取山水画的蓝图设计园林的布局，对自然的景观进行去粗取精的工作，“聚名山大川鲜草于一室”，构建“壶中天地”，形成无限风情。这就要发挥造园师的主观能动性和创造性。计成把“妙造自然”作为园林艺术创造的审美理想，要求人工造园必须给人以天造地设的感觉。

首先，“妙造自然”要体现建筑物与山水的融洽关系，形成和谐的整体。妙造自然，是模仿自然的器物并对其进行拓展、移境、写意、赋神、再造，形成独特的景观。园林建筑是生活的空间，也是风景的观赏点；既是休息的场所，也是可行、可望、可游的景观。为此，计成在《园冶·屋宇》中，总结和设计了门楼、堂、斋、室、房、馆、楼、台、阁、亭、榭、轩、卷、广、廊等的样式，要求每一个建筑都成为一个景点，起到点缀、陪衬、换景、修景、补白的作用，把供人居住休憩的建筑融入自然山水之中，获得一个生意盎然的自然美的境界。妙造建筑美景，要“境仿瀛壶，天然图画”，结构要奇巧，装饰要优美，与山水花木融为一体，具有自然的意趣，实用，美观，生态，具有独特的艺术魅力。

其次，“妙造自然”要景到随机，得影随行。相地之要，造园得体，主要体现园林的布局之美，而园林的整体风貌是由景点组成的，这就必须对园林中的各个关键之点进行设计和建设。

园林的景点以排列与聚散相组合而构成丰富的景观，在功能分区的组织上，景点起着核心作用，是整个园林行走线路的节点、顺序。一般来说，景点要相对集中，不能过于分散。一个核心景点可以通过联系两个不同景点而设置对景。景点之间要相互呼应，加强整体感，不但有线的方向感，而且给人以观光的节奏感，给人以新鲜感，使人消除疲劳感。具体来说，要运用好如下手法：

一是“障景”。障景是建园的常用手法，深远莫测，引人入胜，一般有树障、曲障等。适合面积有限的小园林，小中见大，虚实相衬。

二是“隔景”。隔景，使景物曲折变化，景区分明，增加层次，是建设园中之园的常用方法。以山石隔断，以建筑、墙廊隔断，以树丛、溪流隔断，或虚或实，半虚半实，能产生虚中有实的效果。一水之隔是虚，一墙之隔是实，以树相隔则半虚半实。隔景可以使人的注意力局限于一定的范围，不会使景色显得突兀。

三是“框景”。框景，主要用于门窗、洞，在灌木树冠抱合的空隙，三维变二维，自然美升为艺术美。

这使人的视觉产生聚焦，有所取舍，使美妙风景凸显眼前。

园林景点之美的营造，重点设计和建造如下建筑景观：

门楼之美。《园冶·屋宇·门楼》中说：“门上起楼，象城堞有楼以壮观也。”意为，在大门上加建一层楼，这与在城门上造楼使其壮观一样。门楼，是一个园林的门面，是园林的第一印象。计成强调门楼的审美法则是“壮观”，也即大观、大气，可以纳气、聚气。门楼的高度要高出两旁的院墙。

堂厅之美。《园冶·屋宇·堂》：“堂者，当也。谓当正向阳之屋，以取堂堂高显之义。”所谓“堂”就是“当”，即指居中向阳之屋，以取其“堂口高大开敞”之意。沈元禄先生说：“奠一园之体势者，莫如堂。”堂是园林中的主体建筑，要堂堂正正，居中朝阳。一般来说，堂处于园林的中心位置，其特点是造型高大、空间宽敞、富丽堂皇，其功能是满足会客、宴请的需求。

层楼之美。《园冶·屋宇·楼》：“造式，如堂高一层者是也。”楼多建于园林四周，或者半山半水之间。楼的结构与堂相似，而比堂高一层。楼向着园林的一面往往装着长窗，两侧或开辟洞门、空窗等，以便于观景。所谓“欲穷千里目，更上一层楼”，园林中的楼，是园林中观景的最高点，四周美景可尽收眼底。其位置多在厅堂之后，一般用作卧室、书房或用于观赏风景。

亭子之美。《园冶·屋宇·亭》：“《释名》云：‘亭者，停也。人所亭集也。’”《释名》上说：“亭就是停的意思，是供人停下聚集的地方。”亭子是供人休憩和凭眺的地方，是园林中的重要景点。亭子多建在水边或山上，是四面开放的小型建筑。亭子的式样无定格，有三角、四角、五角、梅花、八角等。中国园林中，有许多亭子建得很美，如网师园的风来亭、留园的舒啸亭、怡园的潇洒亭等。无论什么样的亭子，飞檐的亭顶才是美的，有的亭子之所以看起来不美，在于亭顶笔直，了无生气，缺乏飞动之感。亭的特征是有顶而无墙，只以亭柱做支撑。其功能是供游人休息、观景。

阁楼之美。《园冶·屋宇·阁》：“阁者，四阿开四牖。”阁，是庑殿式屋顶、四面墙上开窗的建筑。阁与楼相似，但较小巧，形体比楼通透，四面坡顶，四面开窗，一般用来藏书、观景，或供游人休息品茶之用。

洞门之美。门是开合的枢纽。而洞门是一扇别具一格的门，它仅有门框而没有门扇，通常是三四个圆形的门串联起来的。洞门采取不同角度交错布置园墙、洞门，在阳光的照射下会出现多样的光影变化。日出、日中、日落，春发、夏长、秋收、冬藏，洞门就如一双发现美的眼睛，以小见大，串联成线，可以观赏洞天世界。

水殿招凉图　〔宋〕李嵩

屋檐之美。在中式建筑中，屋檐是一道亮景。屋檐中的飞檐更是独具特色，具有飞动之美，优美的飞檐将视线延展至遥远的天际，给人广阔深远的想象空间。园林中的亭子，其亭顶大多是飞檐，给人以灵动之美感。

除以上建筑以外，还有馆、轩、斋、榭、舫、廊、桥、墙、塔，等等，这里就不一一细说了。

最后，“妙造自然”要动静结合。中国园林是一种造型艺术，既有静态之美，也有动态之美。园林中的假山、建筑、花木基本上体现的是静态之美。但仅有静态的景观会显得呆板、凝固。因此，为给园林增添活力，必须营造动态之美。如园林弯曲的水路形成蜿蜒向前的动势；游龙般的云墙，好像在跌宕起伏中蠕动；亭、廊、楼、阁的顶端常采用飞檐的形式，形成腾跃之势。而在湖泊和溪流中，常有水静鱼游，所有这些都是在静态中营造动态之美。人们游赏一座封闭的园林，之所以不会感到静止与凝滞，原因就在于此。“妙造自然”，要给人在静观中有动感的体验。计成在《园冶·园说》中讲：

夜雨芭蕉，似杂鲛人之泣泪；晓风杨柳，若翻蛮女之纤腰。移竹当窗，分梨为院；溶溶月色，瑟瑟风声。

这里说的是夜雨敲打芭蕉，似乎夹杂着鲛人的泪珠；晓风吹拂杨柳，如同起舞的蛮女纤腰。移数修竹于窗前，分种几株梨树另成别院；月色溶溶，风声瑟瑟。计成在这里写了人的通觉之美，让自然的植物与自然的气象相融合，用静动结合，调动人的味觉、视觉、听觉和嗅觉，从而上升为“心觉”，给人以心情愉悦的享受和精神的升华。

四、“天然”要生态节用，利用自然

建园需要投入，要遵循生态、高效、节用的原则，善于利用废旧的材料，变废为宝，就地取材，既朴拙，具有原生态的特色，又美观，且节约投入。当代园林景观学强调用较少的人力、资金、材料、能源的投入去构筑自然生态的环境，有效利用有限的土地资源来满足人的需求。为此，计成在《园冶》中提出了如下要求：

一是量力而为，以朴拙为美。计成遵循道家的审美准则，主张“抱朴守拙”。老子提出：“大成若缺，其用不弊。大盈若冲，其用不穷。大直若屈，大巧若拙，大辩若讷。”老子所说的“朴拙”，不是粗笨拙陋，而是“付物自然”；虽不加修饰，却“见素抱朴”。这不但追求一种美，而且追求自然、生态、环保。计成在《园冶·兴造论》中说，造园应“须求得人，当要节用”。节用，就是根据自身的财力来确定园林的规模大小和规格高低，不应该盲目地攀比，不能追求过度的奢华，在不重要的地方要“惜费”。

二是要善于利用废旧弃物。计成在《园冶·铺地》中就提出了一种节约的手法：“废瓦片也有行时，当湖石削铺，波纹汹涌，破方砖可留大用，绕梅花磨斗，冰裂纷纭。”报废的瓦片和破损的砖石都可以当作铺地材料，用瓦条既可以铺出美观大方的地面，又能节省费用。

三是要因地取材。每个地方都有独特的材料，因地取材可以节约材料和运费，又有地方特色。计成在《园冶·相地》中说：“斯谓雕栋飞楹构易，荫槐挺玉成难。”他认为要尽可能保留地基上原有的古木大树，多栽植本地植物来美化园林。采用本地植物，不仅便于形成生机勃勃的景色，体现出地域特征，还有利于形成生态平衡的小环境，实现物质和能量的自循环，减少维护成本，实现环境的可持续发展。

四是坚持循环与再生原则。计成在《园冶·园说》中指出："一湾仅于消夏，百亩岂为藏春；养鹿堪游，种鱼可捕。"意思是说，百亩的大园同时也是生产性的庄园，园林养鹿既供观赏，也可当坐骑；鱼让池塘充满生机，还可食用。这是一种生态循环利用的意识，把园林作为生产、生活的结合体，充分体现了自然资源是可再生和可循环利用的。这一理念今天看来仍然是正确的。今天，现代园林在构建园林生态系统的自循环和再生功能方面，可以更多运用科技手段，如太阳能的清洁生态能源、景观树与果树的结合、观赏的花鸟虫鱼与食用动物的饲养等，可以创造出经济、合理和再生的循环系统。

"天然"是园林的物质基础，是山水园林的本质要求，是人类社会人与自然和谐相处之道，是园林美学中追求的第一要义。

第三讲

巧妙

中国园林的营造法式之美

中国园林创造出来的自然景观和艺术景观，是科学、技术、艺术的巧妙运用，是对天时、地利、人和的巧妙运用，常常“天工人巧”结合起来，给人以天造地设的美感。

岭南的四大园林从体量上看，与北方园林的大气、恢宏不同，大多小巧玲珑，但都体现了巧妙、精致、典雅的风貌。如坐落在广州番禺的余荫山房是“巧妙”造园的典范。

罗汉强主编的《余荫山房》一书，概括了余荫山房造园之四巧：“一是嘉树浓荫，藏而不露。满园绿树遮蔽，荫凉幽静，显现‘余荫’意境。二是缩龙成寸，小中见大。它传承了岭南庭院小巧玲珑的风格，园地面积仅为三亩，但内部设计巧妙得当，亭、堂、楼、榭与山、石、池、桥搭配自如，建筑布局紧凑，有条不紊。而且园中有园，景中有景。三是以水居中，环水建园。园林建筑分设于周边，游人环水而行，深浅曲折，峰回路转，常有似尽未尽之感。四是书香文雅。满园诗联，文采缤纷。”

余荫山房的建筑局部也精巧极致，有镂空的花罩，有通透的门窗、栏杆，造就了玲珑通透的意境；而且使用了西方进口的建筑材料，体现了岭南园林文化开放、兼容、精巧、进取的特点。“巧妙”主要在于巧工、巧技、妙趣、妙意，是营造法式中的审美趣味和境界。

春夜宴桃李园图 〔清〕吕焕成

计成在《园冶》中概括了造园的规划设计内容及原则，系统地提出了中国园林的营造法式。这个法式从美学角度来看，可以概括为两个字，就是“巧妙”。“巧妙”的核心内容是什么？计成将它概括为“巧在因借，妙在合宜”。

一、“巧妙”要以“中和”作为营造法式的核心

“中和精神”是中国古典美学的核心精神之一。《中庸》云：“喜、怒、哀、乐之未发，谓之中。发而皆中节，谓之和。中也者，天下之大本也。和也者，天下之达道也。致中和，天地位焉，万物育焉。”从美学角度看，“中”是一种自在未发的状态，是天地万物之本源；“和”是一种已发的合宜状态，人性发于感情而和于礼节法度。只有做到“适中”，才能达到中正平和的审美态度和天地阴阳二气平衡协调之美。计成对“巧妙”这一营造法式之美集中在《园冶·兴造论》中加以论述，总体来说：

一是遵循天地人和之道，园林中的建筑、山水、树木等元素要协调、和谐。园林中的色彩、格调、风格要一致、典雅、中正。

二是在对立中求统一。“和”就是在对立的两个或两个以上的元素中求融合。园林中的各个要素，要有机地融合和协调，把亭台楼阁散置于山水、花木之中，成

梁园飞雪图 〔清〕袁江

为天人合一的艺术综合体。

三是适度、适时、适人，给人以适度感、和谐感、分寸感，在什么样的场合需要多大体量的建筑、多大面积的水域、多少种植物、在什么地方、怎么分布等，这些在设计中都要体现“中和”的精神，使整个园林给人一种协调、宁静、舒畅的心理感受。

“中和”既有量的折中平衡，又有质的交汇、融合，它强调对立、差异和多样，又要求各种因素和力量之间求同存异、平等共生、相互渗透、融会贯通。“中和”在园林的建造和审美中是一种精神、一种法式、一种尺度、一种标准，使整个园林看起来更和谐、更天成，也更美好。

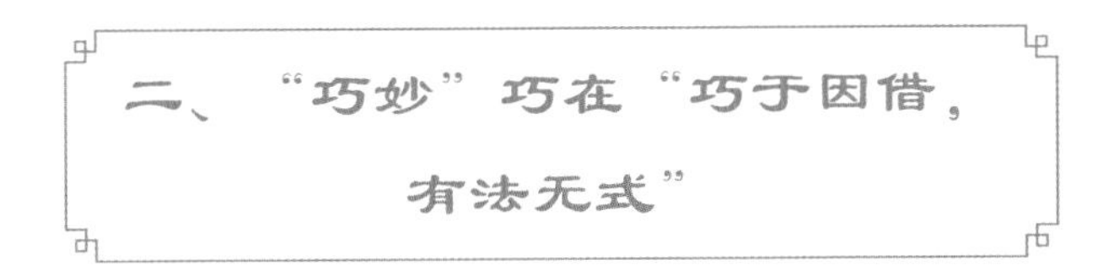

二、“巧妙”巧在“巧于因借，有法无式”

计成把“巧于因借，精在体宜”作为造园营造法式的审美理想。他认为造园有法无定式，一切都应从实际出发，因地制宜，善于“因借”。“因”主要是凭借、依靠、依据之意，即造园要因人、因地、因时而造园；“借”主要是指借景，即借他处景色为我所用，把园林有限的空间扩大到外界无限的空间，托物言志，借景抒情。郑元勋评价计成是一个善于因地因人造园的高手：“所谓地与人俱有异宜，善于用因，莫无否若也。”“巧于因借”是计成营造法式的一个重要思想。

计成认为园林结构妙在因地借景、有法无式。《园冶·兴造论》中说：

园林巧于因借，精在体宜。……“因”者：随基势之高下，体形之端正，碍木删桠，泉流石注，互相借资；宜亭斯亭，宜榭斯榭，不妨偏径，顿置婉转，斯谓“精而合宜”者也。

《园冶·相地》又说：

有高有凹，有曲有深，有峻而悬，有平而坦，自成天然之趣，不烦人事之工。

这就是指从自然环境出发，选择合适的位置建造厅堂、房屋、掇山、水道、长廊等。南方园林河道交错，雨水偏多，园林以水为核心，以奇石花草为主要景观，小巧玲珑，这都是因地、因时、因人而造建的。

借者，园虽别内外，得景则无拘远近，晴峦耸秀，绀宇凌空，极目所至，俗则屏之，嘉则收之；不分町疃，尽为烟景，斯所谓“巧而得体”者也。

计成在这里强调的是“因地借景，得体合宜”。“体、宜、因、借”都要符合自然的法则。他对“因”“借”做了解释，所谓“因”就是：要随着地基的高低，留意地形的端正，如果有树木阻碍景观线，就要修剪枝条；如遇泉水溪流，就要引注石上；让水石美景相互借用衬托；合适建亭的地方就建亭，合适造榭的地方就造榭；园径不妨偏僻，引导布置要蜿蜒曲折。所谓“借”就是：园林虽然划分为园内、园外，取景则不拘于远景、近景。晴山耸立，古寺凌空，凡是目力所及之处，遇到庸俗的场景则屏蔽、遮挡，遇到美好的景色则收入园林之中，不论是田野还是村庄，都纳入在园中可观赏到的烟云风景。这就是“巧而得体”的意思。

中国园林善于借景，有意识地把园外的景物“借”到园内的视景范围中来。“借景”是创造园林诗情画意的手段之一。计成在《园冶·借景》中说：“兴适清偏，怡情丘壑。顿开尘外想，拟入画中行。”意为闲时适兴游园，悠然寄情丘壑。园林美景令人感到远离了凡尘，仿佛行走在画卷里一样。“借景”是中国园林艺术的传统手法。一座园林的面积和空间是有限的，为了扩大景物的深度和广度，丰富游赏的内容，除了运用多样统一、迂回曲折等造园手法外，还常常运用借景的手法收无限于有限之中。

计成认为借景是“园林之最要者”，指出“俗则屏之，嘉则收之”的借景原则。他在《园冶·借景》中指出：“构园无格，借景有因”，“因借无由，触情俱足”。“借景”也要从自然环境出发，在计成看来，园林是与外界空间相互贯通、相互融合的，园外的风景可视为园内有限空间的延伸，通过借景能使园林与周围的

西湖十景图卷（局部）　〔清〕王原祁

自然山水连接起来，把园林之外的湖光山色收入园内，形成相互映衬的无限流动的空间，让小小园林也充满蓬勃生机。计成提出建园要有取景意识，在建造亭台、水阁、浮廊时，都要注意远近相通、视线相通、处处可以观景。中国古代很早就开始运用借景的手法。唐代所建的滕王阁借赣江之景，“落霞与孤鹜齐飞，秋水共长天一色”。岳阳楼借洞庭湖水，远眺君山，构成气象万千的山水画面。杭州西湖在“明湖一碧，青山四周，六桥锁烟水”的较大境域中，“西湖十景”互借，各个

“景”又自成一体，形成一幅幅生动的画面。

《园冶》有《借景》一章，专门论述了“借景”的五种表现手法：“远借、邻借、仰借、俯借、应时而借。然物情所逗，目寄心期，似意在笔先，庶几描写之尽哉。”计成认为这五种借景是触景生情、目有所见而心有所思，借景时应胸有丘壑，如同在下笔作画之前打好了腹稿，才能描写尽致。

“借景”分为五类：

一是“远借”。这是指在园林高处造亭台以获得开阔的视野。远借可以沟通远近内外的风景，使有限的园林融入无限的外界空间中。如靠山的园林，在水边眺望开阔的水面和远处的岛屿。拙政园的远翠阁、留园的冠云楼、沧浪亭的看山楼等，皆是“远借”的经典之作。

二是“邻借”。这是把邻近美景纳入局部环境的构思之中，以使多出的局部在风景上能相互沟通，相互衬托，合为一体。

三是“仰借”。这是借高处景观供人仰观，如在园中仰视园外的峰峦、峭壁、高塔和景色。

四是“俯借”。这是借用低处风景以供人俯视，如池洹溪涧。

五是“应时借”。借一年中的某一季节或一天中某一时刻的景物，主要是借天文景观、气象景观、植物季相变化景观和即时的动态景观。如春天的“春寒料峭”是冬意尚存，夏天的“爽气觉来”是秋意临近，秋天的“池荷香馆”是夏之余韵，冬天的“篱残菊晚”是秋的余痕，从而使园林四季景色新异。

“借景”除了运用视觉，看“形、色、光”的变化以外，还要运用好听觉、嗅觉，借用外界的声音、动感、气味等，以营造闲适自由、飘逸脱俗的气氛。如“萧寺卜邻”，是借园外之音以洗涤凡心；而“鹤声送来枕上”借的是天籁之音，让园林充满安宁祥和之气。

中国园林，运用借景手法的实例很多。北京颐和园的“湖山真意”远借西山为背景，借玉泉山在夕阳西下、落霞满天时赏景，景象曼妙。承德避暑山庄，借磬锤峰一带山峦的景色。苏州的拙政园，西部假山上设宜两亭，邻借拙政园中部之景，一亭尽收两家春色。留园西部舒啸亭土山一带，近借西园，远借虎丘山景色。沧浪亭的看山楼，远借上方山的岚光塔影。山塘街的塔影园，近借虎丘塔，在池中可以清楚地看到虎丘塔的倒影。

岭南四大名园之一的可园有一个邀山阁，是全园的最高点，高约17.5米，为砖石三层结构。站在顶楼可以俯瞰全园，园中胜景历历在目，尽收眼底；纵目远眺，江流如常，帆影片片，这正是“巧于因借”的造园手法的运用。

三、“巧妙”巧在“精而合宜，巧而得体”

中国的风水学，不全是迷信，也有科学成分，用今天的眼光去看可以称之为环境地理学，它对建筑物有几个要求：一是相形取胜，选择的地方最好是背山、面水、向阳；二是辨正方位，以坐北朝南为最佳；三是相土堂水，选择地基结实，水质甘甜、清澈的地方。园林的选地要人与自然相合，人的身心相合，选择明净、安静、阳光、透气的地方。

计成在论述园林的营造法式时认为，“巧妙”首先在于“因借”，其次在于“合宜”。他在《园冶·兴造论》中说：

故凡造作，必先相地立基，然后定其间进，量其广狭，随曲合方，是在主者，能妙于得体合宜，未可拘率。

他在这里说，凡是造房屋，必须先考察地形、地势，规划设想房屋基础的位置和朝向，然后确定几间、几进，依照地基宽窄，随曲而曲，当方则方。这完全取决于主持建造的人，妙在能得体合宜地设计屋宇，构思既不拘泥于定制，也不随意草率。他还强调要“精而合宜”“巧而得体”。具体来说，要力求做到如下几个方面：

一是“相地合宜，构园得体”。一般来说，园林的选址要背有靠山，前有水流，地势高低起伏为最佳园地。《园冶·相地》中说：“涉门成趣，得景随形，或傍山林，欲通河沼。探奇近郭，远来往之通衢。”这是指出了选址要考虑自然环境和交通条件，这是总体上的要求。在具体选址上，计成根据位置和地貌，详细总结了山林地、城市地、村庄地、郊野地、傍宅地、江湖地六类园林的景观特色和规划原则，指出要根据六类地貌的状况确定如何叠山、理水、建屋、配置花木和假借园外景观等。

二是“因地制宜，巧于利用”。计成提倡因地制

止园图　〔明〕张宏

宜，改造园林，高不铲，低不填，顺地势构筑，保持原有地貌。他在《园冶·相地》中说：“高方欲就亭台，地凹可开池沼。”在《园冶·立基》中指出：“高阜可培，低方宜挖。”建园要以原有的地貌和生态为基础，力求保护好原有的自然生态环境，包括古树、古迹，塑造出高低错落的变化，营构出变化丰富的景观。这样，建造的园林，不仅能减少对环境的干扰，突出地貌的个性，还能节约大规模改造地形的成本，促进建筑、环境的协调，产生艺术美感。

三是“大观不足，小筑允宜”。计成在“得体合宜”中，强调了整体与局部的协调，园林建筑物的体量应当与园林的规模相适应，建筑物的门窗也要大小相协调。《园冶·装折》中说：“构合时宜，式征清赏。”指出房屋构造要合时宜，式样要雅致，令人观味欣赏。《园冶·园说》中说：“窗牖无拘，随宜合用；栏杆信画，因境而成。制式新番，裁除旧套；大观不足，小筑允宜。”计成在这里强调窗户、门洞的造型要因地制宜，栏杆的结构和图案要与意境协调，装饰要新颖，要革除陈旧的款式和套路。虽然局部的装饰不足以影响整个园林的气势，但从“小筑”与“大观”的审美效果看，一定要做到相得益彰。

四是“随机应变，得体合宜”。计成在《园冶·立基》和《园冶·屋宇》中，强调园林建筑要“惟因”，这就是从自然环境出发，随机应变，以观景和宜居为导向，因人、因地、因材、因时景而造，巧妙地利用山水、林木、草卉、动禽等自然因素，择地建屋，要“格式随宜”。如书房斋馆虽不显露于园中，也不能隔绝于外，要“按时景为情，方向随宜”。亭榭、楼阁是开敞性建筑，是园林风景的观景点，布置应当自由灵活，要根据地形和园林景观特征来建造，便于观景与周围景色的协调一致。

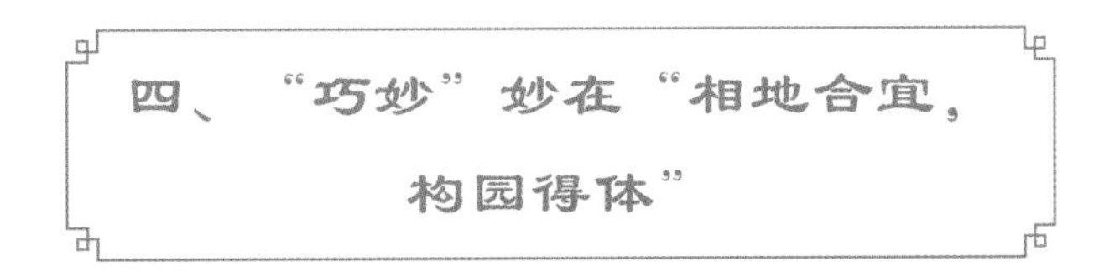

四、“巧妙”妙在“相地合宜，构园得体”

造园首先必须有一个科学合理的总体布局，适当规划好建筑系统、园林系统、道路系统和水网系统，并使每个部分既相互独立又结成有机的整体。计成在《园冶·兴造论》中强调造园“妙于得体合宜”，精在“体”“宜”，“宜亭斯亭，宜榭斯榭，不妨偏径，顿置婉转，斯谓‘精而合宜’者也”。这就是从自然环境出发，选择合适的位置建造厅堂、房屋、掇山、水道、长廊等。

建筑是园林之美的起始与中心，是人安身立命的空间，也是园林最具特色的标志。它筑造于天之下、地之上，是天地自然与人相互贯通的中介，因此，建筑是园林物质形态之美的第一要素，要努力使园林中的建筑具有结构形态之美、空间造型之美、风貌色彩之美、工程技术之美。而要做到这些，关键在于“得体合宜”。

“得体合宜”体现了中国传统美学“中”和“合”的理念和空间意识。中国传统美学强调“以和为美”，强调整体、系统的协调。按照这种整体观，世界是一个包容万有、涵盖一切的大系统，其间万物，各适其性，各得其所，绝无凌越其他任何存在者，在这个互摄互融的系统中，交流交融。园林中各个元素“以和为美”，就是在进行审美创造和评价时要具有整体意识，追求“天人合一”“情景合一”。具体来说，遵循如下三大原则：

一是对称与均衡。在中国传统园林的设计中，对称与均衡的美学法被深深地贯彻其中。对称与均衡是自然美的一种形象表征，也是形式美的美学法则之一。对称与均衡美源自自然，比如，人的形体是对称的，多数动物的生长也呈左右对称的形状。这些表征会给人以稳定、平衡、大方、舒适的美感。纵观历史，许多古城、皇宫、民宅的整体设计也多采用左右对称的格局；中国传统园林中的皇家园林，为了体现封建帝王的威严、庄重，大多采用中轴线布局，赋予园林庄重、严谨的格调。在空间中运用对称性设计是对大自然的模仿，模仿能使人类得到感官的愉悦与安定，进而产生有益于人身心健康的审美感受。均衡原则的运用，还要考虑园林整体各要素之间的主次关系、轻重关系，以平衡游览时各个景观给人视线的舒畅和美感。

计成在《园冶·立基》中对园林的整体布局做了安排，指出要以厅堂为主体建筑物，将其安置在主景区，然后把其他附属建筑安排在主观景的西侧。《园冶·立基》说："凡园圃立基，定厅堂为主，先乎取景，妙在朝南。"厅堂是园中的主体建筑物，常位于园林的中心地带。造园的布局要以厅堂为中心，在两侧安排好楼、阁、廊、榭、斋、馆、亭台等建筑物。

一般来说，大门处于园林的中间位置，堂、楼、阁处于中轴线的位置上，景物的外形、尺寸、空间比例、线条、色彩搭配和体积对比要协调。

二是多样与统一。要在一个有限的园林中塑造出多样的风景及创造无限的意境，靠的就是多样变化。从大的格局看，园林风格是统一的，如从宏观上看，建筑可以有徽派、粤派；而小的方面则是多样的，各具特色的，如小的庭园配置的花草树木无须像植物园那样多多益善，而是以观赏为主，以色、香、味、形来取胜。建筑、叠石等均要坚持多样与统一的法则，在色彩上、法式上、材料上应是十分协调、十分调和，但单独的个体体型和体量各不相同，调和之中有明显的差异，呈现统一性和丰富性。计成在《园冶·立基》中，强调亭、榭、廊、轩等建筑的内外空间，也要依托植物的衬托，使人工与自然要素都统一到绿色的基色之中。

岭南四大名园之一的清晖园采取前疏后密、前低后高的布局，在空间组合中通过各种小空间衬托突出水庭的大空间。园内水木清华，幽深清静，碧水、绿树、古墙、漏窗、石山、小桥、曲廊等与亭台楼阁交互融合，构成了多样而又统一的格局。

三是对比与照应。对比与照应可以给人以视觉的冲击力，产生鲜明的形象。在艺术创作中，常常运用对比的手法，把色彩、形状、性质完全不同的东西放在一起，形成强烈的效果，形成强烈的反差，增强作品的艺术感染力。为此，园林的对比，要注重布局的对比，如大小对比，相映成趣；开合对比，豁然开朗；明暗对比，柳暗花明；色彩对比，交相辉映。此外，还可通过虚实对比、疏密对比，实现步移景异的效果。对比照应

四景山水图秋景卷 〔南宋〕刘松年

可以使人产生“张”和“弛”的节奏感。当然，对比不可多用，多用则无用。对比也不是机械地配置，而要相互照应。如在布局中的首尾照应，建筑、林木、花鸟的照应，在照应中找到对立和统一。

对于园林来说，布局的均衡感和空间的完整性，体现在山、水、树、木等园林要素参与的均衡上。中国古代的宫殿一般在真山、真水上采用叠石置山、建筑房屋等手段进行造园，借以表现出精巧的平衡意识和强烈的整体感，而明清的江南私家园林则擅长在均衡中以小见大，在有限的空间中创作出有山有水、曲折迂回、景物多变的环境。总之，园林中的“得体合宜”体现在园内景物的外形、尺寸、空间比例的协调上，体现在园内景物的线条、色彩搭配以及形状对比的和谐上。

第四讲

雅致

中国园林的艺术之美

中国园林在格调上，向来有趋雅摒俗的审美传统，倡导高雅、文雅、典雅、淡雅、和雅，而鄙视低俗、庸俗、媚俗。“雅致”，一方面体现为“高雅”，即人格、品德的高尚，心灵的高洁，精神境界的高远；另一方面体现为“精致”，即精细、精工、别致。“雅致”是一种情趣，是一种品位，是一种格调。园林的建造者多为文人雅士，“雅致”成为园林独特的风格。计成在《园冶·门窗》中说：“林园遵雅。”园林要遵循高雅、典雅的审美原则。《园冶·门窗》中说：“触景生情，含情多致。”这就是说要情景交融，多姿多彩，充满情致。《园冶·墙垣》中说：“从雅尊时，令人欣赏，园林之佳境也。”园林既典雅，又时尚，符合人们的欣赏口味，这样才能构成园林的佳境。

计成明确地把“雅”作为园林艺术的基本格调，强调遵雅去俗。他在《园冶·兴造论》中说：“极目所至，俗则屏之，嘉则收之，不分町畽。”意思是说，凡是目力所及之处，遇到庸俗的场景则屏蔽、遮挡，遇到美好的景色则收入园林中，无论是田野还是村庄，都纳为在园林中可观赏到的烟云风景，从而造出可游可居、可行可望、畅神怡情的理想人居环境。

“雅致”的审美取向是人们追求高雅生活的审美情趣在园中的体现。人，既是园林的创造者，也是享受者，作为创造者既要临摹自然，又要改造、妙造自然，在自然的实体中植入艺术元素，塑造出优雅、高雅的园居生活场景，满足高雅的生活情趣。《小窗幽记》对名士风流的生活有一段描写：“净几明窗，一轴画，一囊琴，一只鹤，一瓯茶，一炉香，一部法帖；小园幽径，几丛花，几群鸟，几区亭，几拳石，几池水，几片闲云。”又云：“余尝净一室，置一几，陈几种快意书，放一本旧法帖，古鼎焚香，素麈挥尘，意思小倦，暂休竹榻。饷时而起，则啜苦茗。信手写汉书几行，随意观古画数幅。心目间，觉洒灵空，面上俗尘，当亦扑去三寸。”在这里可以看到，优雅是过着琴、棋、书、画、诗、酒、花的生活，享受赏画、品茶、读书的生活情趣。

“雅致”是超凡脱俗的精神境界，追求的是具有文化内涵和品位的生活态度。“雅致”也是自由的、放野的情怀，强调融入大自然的乐趣和向往心灵的自由。

园林中的“雅致”是一种优雅细腻、精细考究的审美呈现，是运用文化艺术的呈现。

那么，园林怎样才能具有“雅致”的艺术之美呢？计成认为主要要达到如下几个方面。

一、“雅致”要以“天趣”“朴雅”为审美原则

“雅致”必须以“天趣”为基础。“天趣”是自然之趣，也是“真趣”，具有无限的生机和趣味，是人与自然友好相处的体现，也是生活情趣在自然中的体现。这种“天趣”在于尊重自然、爱护动物、友好社会。计成在《园冶·相地》中生动地描写了“天然之趣”：

杂树参天，楼阁碍云霞而出没；繁花覆地，亭台突池沼而参差。

竹里通幽，松寮隐僻，送涛声而郁郁，起鹤舞而翩翩。

这是说杂树参天，楼阁高耸，好像妨碍了云霞的出没；地面上繁花覆盖，亭台突出于池沼，在水面高低错落。行径通幽，松林小舍藏在偏僻之处。风吹过郁郁葱葱的松林，发出阵阵涛声，仙鹤展翅翩翩起舞。计成在这里描写了优美、自然的生态环境和动物自由自在的生

活。他认为这种“天趣”是一种“世外桃源”的生活，他在《园冶·园说》中描写了园林中的山川秀色和动植物的真趣：

远峰偏宜借景，秀色堪餐。紫气青霞，鹤声送来枕上；白苹红蓼，鸥盟同结矶边。看山上个篮舆，问水拖

求志园图 〔明〕钱穀

条枥杖。

这里写了山川秀色和气韵流动，远处有高山峦峰，秀丽的山色尽收眼底，遥望紫气青霞，有鹤声传来枕上；近看岸边白苹红蓼，可以与鸥鸟为友，隐居江畔。想看山，可以乘坐竹轿代步；想玩水，就拖条枥杖随

行。从这段描写中，可以看到人享受自然的真趣，形成了人与物和谐相处的生动图景。

计成在《园冶·立基》中，用充满诗意的语言，描写了富有真趣的生活：

曲曲一湾柳月，濯魄清波；遥遥十里荷风，递香幽室。编篱种菊，因之陶令当年；锄岭栽梅，可并庾公故迹。寻幽移竹，对景莳花；桃李不言，似通津信；池塘倒影，拟入鲛宫。

意为在曲折的水湾畔栽几棵柳树，漏过柳条的月光在清波中荡漾；遥遥十里荷叶，微风送入满室的清香。编篱种菊，效法陶令当年；锄岭栽梅，可比庾公旧事。移植几竿修竹形成幽静的环境，种数丛花作为观赏的美景；桃李虽然不言不语，树林中曲折幽深的小路似乎通往渡口；池塘中的楼台倒影如同水中鲛宫。

园林的“雅致”要追求素雅的风格。计成主张园林要追求“朴雅”的风格，这是一种接近自然的风格。他在《园冶·屋宇》中说：

升拱不让雕鸾，门枕胡为镂鼓；时遵雅朴，古摘端方。画彩虽佳，木色加之青绿；雕镂易俗，花空嵌以仙禽。

这里强调了自然之素朴为雅、为美。他不主张过度的雕镂装饰，认为“雕镂易俗”，雕镂的人工痕迹较大，彩重易俗。“时遵雅朴，古摘端方”是指在屋宇的门窗、柱杆等建筑装饰中，要选择简单质朴的形态，既要有古典气息，又要端庄大方。“画彩虽佳，木色加之青绿”，则要求装饰的色彩要与环境相协调，以纯朴淡雅为上，不以浓艳取胜。

岭南四大园林之一的可园，外观朴实无华，正门虽然是园林的门面，但无奢华的装饰，没有采用岭南传统技艺中的砖雕、石雕，没有雕梁画栋，而仅仅采用了青砖墙、灰瓦顶，非常朴实。整个可园的建筑色调采用了东莞民居常用的灰色调，用俗称“大块青”的青砖，其建材也就地取材，采用了红砂岩、花岗岩、阶砖、杉木等。红石、青砖、灰瓦，构成了素雅、柔和的格调，既适应了岭南高温潮湿、日照时间长的自然环境，又体现了园主朴素、幽雅的审美情趣和低调、内敛的人格追求，以及谦逊的人生态度。园主张敬修虽为武将，却有文人气质，追求朴雅的风格，他主张“不与武人竞”“不与文士竞”，有为而不争。

二、“雅致”要讲求曲折含蓄的情趣

园林中的“天趣”是审美的第一层次，还要上升为情趣，做到情景交融，物我一体。计成在《园冶·相地·城市地》中说：“片山多致，寸石生情。”意思是说，片山也富有意志情趣，寸石亦可让人触景生情。他主张给园林的一山一水、一石一木，都注入人的情感，以便使其产生别样的情致。

园林中的情致来自曲径通幽、含蓄有情。含蓄是中国古典美学的独特理念，表现为“意在象外”“言外之音”“含而不露”，呈现为“山重水复疑无路，柳暗花明又一村”的顿挫起伏和引人入胜的构思布局。这有如游览名山，行到山穷水尽处，忽又峰回路转，另一洞天出现在眼前，使人耳目一新，应接不暇。园林中有“点、线、面”，“线”犹如一个人的骨架，是对“点”的串联，是对“面”的联结。“线”的“巧妙”在于“含而不露”“委婉曲折”。

曲线是中国传统审美的典型特征，表现为委婉、深邃、幽远。一般来说，直线给人带来力量、秩序、对称的感觉，而曲线则给人带来柔和、情致、流动的感觉。曲线最重要的含义是“随顺”，与物优游，与物起伏。为此，延绵起伏的大山，朦胧雾霭中的细泉，又长又折的九曲桥，缠绵悱恻的音乐等，都表现了委婉曲折的视角变化、婉转的情致以及宁静的心态。

中国园林的“情致”，产生于委曲和含蓄，山要有蜿蜒起伏之曲，水要有流连忘返之曲，路要有柳暗花明之曲，桥要有拱券之曲，廊要有回肠之曲。曲意味着含蓄、环抱、积蓄、有情，然后必有勃勃生机。

中国园林中的曲线给人带来悠扬、柔美、轻快的美感，主要应精心设计好三种“线”，即园路：构成游览线；林线：构成林冠的天际线；花卉：构成植物图案线。其中，最重要的是园路，一条成功的园路是艺术品，是路亦是景。

为此，园林的“巧妙”体现在有鲜明的线条感，形成一条顺畅、回旋、闭合的行进路径，在园林的空间结构中形成“线”的节奏感、韵律感。这种节奏感和韵律感主要借助园内各要素之间的平衡对比，以及空间序列的变化，采取动静结合的布局模式，使园林空间给人轻重缓急的节奏感和景物观赏的连续感，各个区域隔而不塞、彼此流通、似分似合、隐约可见，做到动静、疏密、虚实互补，从而实现移步即景、情随景迁的神韵。

独乐园图（局部）　〔明〕仇英

园林的“线条之美”主要体现在如下几个方面：

一是“曲折”。“曲直有致”“曲折有情”是中

国古代的审美理念。今天，人们仍然秉持“曲折之美”的意识。如女性身材的曲线美，既是女性所追求的，也是男性所欣赏的。女性为保持身材的曲线美，喜欢穿高跟鞋。

曲，在园林中随处可见：曲幽小径、蜿蜒长廊……古人造园几乎无一线不曲，无一景不藏。从造型心理学的角度来看，曲线能给人一种美感，因为它是自然的、非几何的感觉。

在中国园林中很少看到笔直古板的线条和生硬的转角，中国园林讲究“曲折”为佳，“柔和”为美，“曲折”是建筑和自然取得协调的方法。计成在《园冶·相地·村庄地》中说“曲折有情”，曲折而产生了情致。

曲，让建筑打破了原有的固有模式，直中求曲相成多样、多变、生动的建筑形态，如园林之中的亭、榭、楼等，高挑的飞檐，宛若振翅一般，让整个建筑看上去既壮观又典雅。

计成在《园冶》说“园地惟山林最胜，有高有凹，有曲有深”，园林深邃曲折可以造就意境之美。园林中所追求的“深奥曲折，生出幻境”的境界，代表了古人含蓄隽永的性格和中庸思想，合景色于草味之中，味之无尽；擅风光于掩映之际，览而愈新。那么，园林如何具有曲折含蓄之趣呢？计成认为要精心经营好“三曲”：

首先是路径之曲。《园冶·立基·廊房基》中说：“蹑山腰，落水面，任高低曲折，自然断续蜿蜒，园林中不可少斯一断境界。”意为登山腰、临水面，随地势高低曲折起伏，自然显得蜿蜒、若隐若现，这是园林中不可缺少的美景。《园冶·铺地·乱石路》中说：“坚固而雅致，曲折高卑，从山摄壑，惟斯如一。”用小乱石铺路，既坚固又雅致，不论道路高低曲折，从山顶到涧壑，都可以这样砌筑。

东莞可园一路三折的花径，因“曲”而极具韵味。这条花径呈现“之”字形，两旁种有花卉，顶上攀缘紫藤，曲折多变，景色多彩。居巢有诗咏此径：“开径不三上，回旋作之折。人穿花里行，时诮惊蝴蝶。”

其次是长廊之曲。《园冶·屋宇·廊》中说：

廊者，庑出一步也，宜曲宜长则胜。古之曲廊，俱曲尺曲。今予所构曲廊，之字曲者，随形而弯，依势而曲。或蟠山腰，或穷水际，通花渡壑，蜿蜒无尽。

廊，是庑走出一步的独立建筑，要弯曲深长为好。古代的曲廊，都像曲尺一样直角转弯。现今人们建造的曲廊，呈之字形弯曲，随着地形转弯，顺着地势曲折起伏。或者盘绕于半山腰，或者蔓延在水边，通过花丛，渡过溪涧，蜿蜒往复，没有尽头。长廊之美在于曲折蜿蜒，高低起伏，有如一条盘踞的巨龙，气势非凡。它的功能在于让人在长廊中漫步，可以“移步换景”，观赏到丰富多彩的风景。

勺园祓禊图　〔明〕吴彬

最后是流水之曲。计成在《园冶·相地·城市地》中说："临濠蜿蜒，柴荆横引长虹。"这是说，挖成曲折的池沼，使于柴门之内，横接长桥。《园冶·相地·村庄地》中说："约十亩之基，须开池者三，曲折有情，疏源正可。"这是说十亩左右的园林地基，当用十分之三的面积开挖成池塘，应该曲折有致，正好疏导源流。无水不成园，水能给园林带来灵动、气韵。中国古代有以水为财的说法，流动荡漾的空灵水景是园林之韵。园林中的水，贵在有源，有源头活水，水在回旋曲折地流动，流动有如财源滚滚来，"曲折"不但可以聚财、聚气，而且能产生情致。

二是"漏透"。漏透注重景观的穿透性，讲究的是园林中的台、楼、阁、亭、榭在花草山水的掩映之下，有"隔"有"透"，相辅相成，从而达到最佳的观赏效果。

园林中的建筑要曲尽春藏，若隐若现地掩映在山林花木之中，错落有致，让人在曲折的廊道中峰回路转，才能领悟深邃、幽远、韵味的精髓。

东莞可园，占地面积不大，只有三亩三分地，但设计精巧，善于串联，运用"漏透"的办法，把住宅、客厅、庭院、花圃、书斋等建筑物糅合在一起，亭台楼阁、山水桥榭、厅堂轩院，既是独立的，又是相对联系的，错落有致，曲折回环，疏处不虚，密而不透，小中见大，自然幽深。

三是“含蓄”。“含蓄”体现了中国人的性格特征和审美理念，“含蓄”往往是“只能意会，不能言传”，“意在言外”，让人去体味、领悟。园林是空间的艺术，通过各种元素虚实巧妙的组合，在有限的空间中创造出无限的变化，以达到出神入化的艺术境界。各种元素的组合设计，妙在含蓄，一山一石，一花一木，一屋一景，耐人寻味。颐和园排云殿前有十二生肖石，形式各不相同，不说不明白，一说立刻恍然大悟，妙趣横生。中国园林布设，如果与“含蓄”二字背道而驰，便会失去园林的雅趣，大煞风景。

《红楼梦》中描写大观园，把“含蓄”的表现手法运用到了极致。首先是把园内主景藏而不露。贾政一干人进入正门之后，“只见迎面一带翠嶂挡在面前，众清客都道：‘好山，好山！’贾政道：‘非此一山，一进来园中所有之景悉入目中，更有何趣？’众人都道：‘极是，非胸中大有丘壑，焉想及此。’”。大门内的翠嶂，起到把主景暂时隐藏起来的作用，这种先抑后扬的处理手法，能给游者带来诗意的快感，觉得远景幽邃莫测，看到主景，又觉气象万千，别有天地。颐和园进入东宫门，也是几折之后，才见湖山殿阁；北海公园的白塔北面进门也立着一座假山，皆是同理。

大观园中的稻香村若隐若现，在山怀之中隐隐露出稻草盖顶的黄泥墙和几百枝杏花；潇湘馆以竹入胜，院落在千百竿翠竹的遮映下，进门“是曲折游廊，……上面小小三间房舍，一明两暗。……凤尾森森，龙吟细细”；蘅芜院只见“忽迎面突出插天的大玲珑山石来……竟把里面所有房屋悉皆遮住”；园中的佛庙尼庵，也是隐在山间林中，给人以禅房花木深之意。河湖边缘的柳叶渚、荇叶渚，水池中带有游廊曲折的藕香榭、滴翠亭，作为水上和沿岸风景点缀，更让广泛的水面曲折含蓄，通过竹桥、流水、菱香、藕肥等含蓄地描绘出藕香榭水景。“宝鼎茶闲烟尚绿，幽窗棋罢指犹凉”，更是含蓄而有意趣地表达出了潇湘馆的环境和氛围。

唐代常建在《题破山寺后禅院》中写道：“曲径通幽处，禅房花木深。”“通幽处”一眼望去，弯曲的小径消失在林中幽处，呈现出了朦胧之感，给人营造了一种清晨山林的清静之感。“花木深”更是体现出了一种清幽、含蓄之美。

扬州个园一进园门，有一块巨石挡住；颐和园东宫门前，有一个大殿挡住人的视线。园林设计师巧妙地利用了人的好奇心，如果在门外，一眼望去便可将院内景色一览而尽，那我们为何还要进门呢？反之，若一块巨石挡住大部分视野，游园人会更加好奇，石后可是别有洞天？这是用“含蓄”去表达一种象征意义，体现了一种婉约之美。

四是“回旋”。园林中的“线条”“路径”的设计遵循了中国古代循环往复的理念，园中的路径形成了一个闭环，每一个建筑园林景观是相对独立的，又是相互贯通的，循环往复，永不止息。

东莞的可园有“一楼、五亭、五池、六阁、十九厅、十五房”，通过千个大小门房和环碧廊，回环曲折，把庭院、住房、花圃等连成一体。环碧廊是连接各景观建筑的纽带，也是欣赏风景的导航线，起到了步移景换、剪裁景观的效果。居巢的《咏环碧廊》云：“长廊引疏阑，一折一殊赏。茉莉收晚凉，响屧日来往。”

三、“雅致”要富有诗情画意的“文气”

中国园林是一种造景艺术，首先要以形态之美造就自然之然，然后“用景写意”，最后达到情景合一、自得妙悟的境界。中国园林的“雅致”，集中表现为对文化艺术的运用，呈现出“诗情画意”。“诗情画意”出自宋代周密的《清平乐·横玉亭秋倚》：“诗情画意，只在阑干外，雨露天低生爽气，一片吴山越水。”“诗情画意”为如诗的感情和如画的意境。

计成认为中国园林是建筑、植物、山水和文学样式相融合的艺术作品，园林的整体布局和每一个景点，都应植入文化，都应有艺术的融合。正因为如此，中国园林是无字的诗歌、立体的画卷、优美的乐章，园林不是一个简单的物象，也不只是一片有限的风景，而是无处不显示艺术之美的作品。

园林艺术家陈从周先生在《中国诗文与中国园林艺术》一文中说：“故园之筑出于文思，园之存，赖文以传，相辅相成，互为促进，园实文，文实园，两者无二致也。”成功的园林一定是艺园、文园，如无文化艺术的融入和点缀，园林只不过是自然的物境，而不可能产生情境和意境。为此，园林的雅致，必须借助中国艺术的形式，如诗、画、乐、联、书法以及工艺美术等去表达，成为一个“艺园”。

中国园林历来是文人雅士雅集之地，他们在园林中或吟诗作对，或抚琴赏鹤，或品茶闻香，或挥笔作书，以文会友，创作了许多优秀的艺术作品。

园林雅集之盛，始于东晋。文人雅士在天然雅趣的园林中，结社唱和，泼墨挥笔，抚琴烹茶，尽享人生乐趣。

雅集之“雅”，体现为诗、书、画、琴、棋等艺术审美活动，而“集”则为文人在园林中的聚会。文人的浪漫情怀与园林的山林野趣交互碰撞，成就了东晋“兰亭雅集”、西晋“金谷园雅集”、北宋“西园雅集”以及元代“玉山雅集”等佳话。“雅集”是园林文园的突出体现。中国园林充满浓厚的文化艺术气息，这是西方园林无法比拟的。这种“文气”，体现在“诗情”“画意”“乐韵”“联趣”上。

（一）诗情

园林中的物质景观常常要融入诗词、书画来渲染，使之富有情趣和发人遐思。园主大多是有文化修养的人，他们常以诗文兴情，故园中必有书斋、吟馆、画室、琴房等，作为创作、读书、吟咏、挥笔之所，园林带有浓厚的书卷气。计成在《园冶·相地·傍宅地》中说："多方题咏，薄有洞天。"这是说，多处题咏，小有洞天。

诗文在园林艺术中起到"点睛"的作用，或点题应景，或抒情喻志，促使景观升华到精神的高度，使人们的审美达到"心觉"的境界。园中景象，只缘有了诗文的点缀，才能使人情思油然而生，产生"象外之象""景外之景""弦外之音"。苏州的拙政园，湖山上植有梅树，题名"雪香云蔚"，给人踏雪寻梅的诗意之感。而对联"蝉噪林逾静，鸟鸣山更幽"，更是开拓了山林野趣的意境。

诗文常被用作园内景点的点题和情感的抒发。如"长留天地间"（苏州留园）、"可自怡斋"（苏州怡园）、"长堤春柳"（扬州瘦西湖），等等，不胜枚举。

园林是"无文景不意，有景景无情"。诗是无形画，画为有形诗，园林这一艺术载体，是立体的画，又是凝固的诗。中国园林讲究形与神二者兼美，“形美”中蕴藏的“神美”“意美”。计成认为园林中的建筑、山水、树木都应当富有诗意。

他在《园冶·立基》中说：

房廊蜒蜿，楼阁崔巍，动“江流天地外”之情，合“山色有无中”之句。适兴平芜眺远，壮观乔岳瞻遥。

意为，房廊蜿蜒曲折，楼阁高峻凌空，使人兴起“江流天地外”的感觉，对应了“山色有无中”的诗意。远望原野，可以适兴；似看高山，足以壮怀。

《红楼梦》把诗意之美融入园林建筑的命名中。第七十六回中：“湘云笑道：这山上赏月虽好，终不及近水赏月更妙。你知道这山坡底下就是池沿。山坳里近水一个所在就是凹晶馆。可知当日盖这园子时就有学问。这山之高处，就叫凸碧；山之低洼近水处，就叫凹晶。这‘凸’‘凹’二字，历来用的人最少，如今直用作轩馆之名，更觉新鲜，不落窠臼。可知这两处，一上一下，一明一暗，一高一矮，一山一水，竟是特因玩月而设此处。有爱那山高月小的，便往这里来；有爱那皓月清波的，便往那里去。只是这两个字俗念作‘洼’‘拱’二音，便说俗了，不大见用。只陆放翁用了一个‘凹’字，‘古砚微凹聚墨多’，还有人批他俗，岂不可笑？”

凸碧堂与凹晶馆，体现的就是一种诗意，从建筑名称能想象出一幅浑然一体的山水写意图。也正是在这样的环境中，林黛玉与史湘云对出了“寒塘渡鹤影，冷月葬花魂”的佳句，更添园林的诗意之美。

（二）画意

中国园林一开始就受到文人山水画的影响，中国绘画非常注重写意，而非写实，往往画中有诗，诗中有画，意境深远。为此，中国园林讲究虚实相生，追求“境外之象”的艺术境界，充分发挥中国空间概念中关于对立之间的和谐统一性、相对性、变异性和无限性，通过形与神、实与虚、屏与借、对与隔、动与静、直与曲等组织方式，创造出无限的艺术意境，正如岳阳楼在“衔远山，吞长江，浩浩汤汤，横无际涯”的意境中升华出“先天下之忧而忧，后天下之乐而乐”的忧国爱民的情怀。这就是从有限的空间到无限的风光，由有限的风光而收于有限的人生，达到自我的感情、思绪、情绪的抒发。造园者要画中赋诗情，园中参画意，移天缩地，让园林有意境、有韵味。

计成提出应借鉴古代山水画来构思园林景观，把绘画作为规划与设计园林的灵感源泉，作为“妙造自然”的手法之一。他以“片图小李”启发构造园林中山水和建筑景观的构成，用“半壁大痴”来启发园林中山水景观的构思。他在《园冶·园说》中说：“刹宇隐环窗，仿佛片图小李；岩峦堆劈石，参差半壁大痴。”意思是说：从环窗远望，山林中若隐若现的古寺，如同中堂李昭道的片幅风景画；园林劈石崖峭立，参差变化，如同黄公望的山水画。他主张效法绘画来构建园林，在《园冶·相地·村庄地》中说“桃李成蹊，楼台入画”，意思是说，桃李满园，下自成蹊；几处楼台，皆能入画。在《园冶·借景》中说：“顿开尘外想，拟入画中行。”在《园冶·屋宇》中说“境仿瀛壶，天然图画，意尽林泉之癖，乐余园圃之间”。他认为园林景境仿佛壶中仙境，风景如同天然形成的图画。园林山水是慰林泉癖好，享受不尽的休闲乐事。园林建筑奇巧，装饰优美，与山水花木融为一体，富于绘画意趣，具有特殊的艺术魅力。在《园冶·掇山》中说：“深意画图，余情丘壑。”他认为掇山要效法山水画的深远意境，余情丘壑，得自具象之外，主张叠峭壁山应“借以粉壁为纸，

友松图（局部）　〔明〕杜琼

以石为绘也。理者相石皴纹，仿古人笔意”。所谓“以石为绘”是指仿画中山、石、植物的构图，“仿古人笔意”是指山石水景的纹理和轮廓仿山水画的线条和皴法。计成本人是画家出身，很精通绘画的技法，他把绘画的技法也运用到造园之中，一个精美的园林其实就是一幅优美的山水画。中国古代的造园家通常用知名山水画的艺术主题来设计景点，赋予园林风景如画的特征，使之高雅起来。

中国园林以素壁为背景，粉墙花影，宛若图画。园林专家张涟能“以意创为假山，以营丘、北苑、大痴、黄鹤画法为之，峰壑湍濑，曲折平远，经营惨淡，巧夺化工”。成功的园林其实就是一幅美丽的山水画。

东莞的可园，不但风景秀丽可以入画，同时也是名家生活、创作的“艺园”。园主张敬修喜好风雅，诗书极佳，结交文友，清代岭南画派祖师居巢、居廉，都曾客居可园多年。可园园林的灵动，环境的幽美，为他们的潜心创作提供了素材，使他们创作了一批具有岭南风格的作品，奠定了岭南画派的画风。

（三）乐韵

中国园林是音乐的艺术，园林内的山石、池水、树林、花草、亭台、楼阁可以看作一个个音符，巧妙地组合成为一首动听的乐曲，游览其间，时而一山如屏障，时而又豁然开朗，时而丘壑挡道，时而别有洞天，时而一水横陈，时而曲径通幽，起落跌宕，疏密相间，动静结合，具有很强的韵律感和深远无穷的韵味。乐韵，表现在“线”的幽深、绵长的时间节律和各个元素协和的韵律上。

计成在《园冶·园说》中写道：“萧寺可以卜邻，梵音到耳。”“紫气青霞，鹤声送来枕上；白苹红蓼，鸥盟同结矶边。”意思是说：佛寺可以为邻，禅院钟声飘入耳中，遥望紫气青霞，有鹤声传来枕上；近看岸边白萍红蓼，可以与鸥鸟为友，隐居江畔。他在《园冶·相地·傍宅地》中又说："常余半榻琴书，不尽数竿烟雨。"意思是说，房中琴书常堆半榻，数竿修竹烟雨不尽。那么，如何创造园林的乐韵呢？主要手法有如下几个：

首先，借用自然之声。禅院钟声，流水潺潺，鸟语花香，琴声荡漾，给人以听觉的审美享受。《园冶·园说》中说："静扰一榻琴书，动涵半轮秋水。清气觉来几席，凡尘顿远襟怀。"静静地翻阅一榻琴书，荡漾半轮秋水。坐在几席上清气袭人，顿觉心胸开阔、远离尘俗。园林要善于营造小瀑布，让人听见潺潺的水声；要栽花养鸟，让人听见鸡鸣鸟叫等。总之，要动静结合，给人带来悦耳、愉快的听觉之美。

其次，安排好有序、明快的节奏。也即是景观的有序排列。在园林欣赏路线的设计中，与乐曲一样，要有起、承、转、合的结构。起、承、转、合即序幕、转折、高潮、尾声。"起景"一般从园林入口，即大门处开始。起景，强调标志性和吸引功能，并对园林的内涵进行暗示和引导，通常有"欲扬先抑"和"开门见山"两种方式。"转景"一般用空间穿折与渗透的手法。"高潮"景观，一般在园中的最高峰或最高建筑制高之点。“结景”是景观序列的终点，一般会引发游人回味，使其产生余韵不绝的感受。在园林的布局和路线的安排上，要突出起、承、转、合的景点，串珠成线，形成高低起伏、快慢相衬、升降搭配的节律，产生完整的感觉。

最后，要创造动听的声境。声境是园林虚景中诉之于听觉美的自然景象、器物和动物，通常有水之声、风之声、雨之声、鸟声、乐声等。清代张潮说：“水

怡园图·坡仙琴馆 〔清〕顾沄

之为声有四：有瀑布声，有流水声，有滩声，有沟浍声。”园林的乐韵在于创造优美的琴瑟、风声、鹤声、水声和梵音。

（四）联趣

对联是中国文化艺术中的文体之一，是营造中国园林的文化氛围的手法之一，对联往往与匾额相配，或竖立门旁，或悬挂在厅、堂、亭、榭的楹柱上。楹联字数不限，讲究词性、对仗、音韵、平仄、意境、情趣，是诗词的演变。对联不但能点缀堂榭，装饰门墙，在园林中往往能表达造园者或园主的思想感情，还可以丰富景观，唤起联想，增加诗情画意，起到画龙点睛的作用，是中国传统园林的一大特色。对联文辞隽永，配以优美的书法，常常令人一吟三叹，给人以美的享受。描写美丽风景，情景交融，慨今怀古，托景言志，是园林对联中常见的写作方法。下面，让我们欣赏不同类型的对联：

苏州留园北厅有苏州状元陆润庠的著名对联。

上联：读书取正，读易取变，读骚取幽，读庄取达，读汉文取坚，最有味卷中岁月；

下联：与菊同野，与梅同疏，与莲同洁，与兰同芳，与海棠同韵，定自称花里神仙。

上联写了五部经典，五字精粹，可谓学识广博；下联写了五种花名，五字神韵，借花喻人，书香、花香相融，花美人亦美。

江苏兴化城西北角海子池南端的柳园，有一副郑燮撰写的对联。

上联：北迎拱极，西接延青，共分得一池烟水；

下联：春步柳堤，秋行蔬圃，最难消六月荷风。

上联广角写景。视距很近，由北而西，然后拉近到园子本身，最后用了一个“共”字，把远近景物串联起来，又用“一池烟水”把景物的色调协调起来，就像作画一样，把远近景物放到一个统一和谐的背景之中。有粗线条，有细线条，还有聚焦镜头。

下联分别撷取了春夏秋三季景色中的代表，并与上联一样，用前两分句的景物，为结句做陪衬，轻松自如。

江苏南京的随园有一副袁枚写的对联。

上联：旧地怕重经，记当年、丝竹宴诸生，回头似梦；

下联：名园须得主，看此日、楼台逢哲匠，著手成春。

袁枚任江宁县令的时候，拥有过或者说使用过这个园子，所以当老先生再次来到这个园子的时候，就不可避免要追忆一番，切入也非常直接。“旧地”“重经”，用词简洁明了，用一个“怕”字连接起来。这个“怕”字可以看到炼字的功夫，体现了作者面对荏苒时光的无奈，用“怕”字作为“起”，用它来引导整个上联。为什么怕呢？下一句就承接而来，怕回忆当年的一些场景啊，意气风发，大聚群贤，其实也是借此交代自己与这个园子的渊源。接着用“转”：“回头似梦”，这一句既回答了起句的怕，也留下了无尽唏嘘。

上联的话题很沉重，那么下联就转到眼前，写了园子目前的状况，园子又恢复了青春，自己的老迈已经无可改变，里面还是有一丝丝无奈。

苏州沧浪亭的“清风明月本无价，近水远山皆有情”；拙政园梧竹幽居亭的“爽借清风明借月，动观流水静观山”；雪香云蔚亭的“蝉噪林逾静，鸟鸣山更幽”，写景、写情、发人联想，即使有人在无风、无月、无蝉、无鸟时到此，也觉得似有这一境界。

岭南四大园林也善于运用对联丰富园林的文化内涵，抒发园主的情怀。这些对联立意深远，意境含蓄，情调高雅，文字隽永，各种书体应有尽有，既美化了环境，又起到了“点睛”的作用。

余荫山房园被誉为“有门必有楣，逢景必有联”，楹联匾额不仅立意深远，而且优雅地表达了园主人的价值取向和道法情怀。文采缤纷，书香浓郁，可以说这座园林是一个“联趣”的世界。如二门对联“余地三弓红雨足，荫天一角绿云深”，为山房主人邬彬所撰。上联谦指这座园林的面积很小，只不过是三步距离而已，但深柳堂前的炮仗花，盛开时状如一片红雨，蔚为壮观。下联指园内绿树如荫，全靠先祖的福荫。一语双关，有缅怀先祖和感恩之意。蕴芳门：“庆叙宗亲开夜宴，欢腾熙皞乐春台”；擷秀堂：“擷取名花栽培上苑，秀添文采歌颂禺山”；均安堂：“惟孝友乃可传家，兄弟休戚相关，则外侮何犹而介入；舍诗书无以贻后，子孙见闻不俗，虽中材未至为非耕”；廊桥：“花明柳暗蝶迷路，月白风清人倚栏”“风送荷香归院北，月移花影过桥西”。这些对联成为园林中的一大文化景观，大大赋予了园林艺术品位，使园林更富有情趣、雅致。

中国园林中的对联，有的仅仅是只言片语，但意蕴深远，对园林景观起着烘云托月、画龙点睛的作用。这些对联，有的富有哲理，发人深省；有的抒情咏怀，发古之幽情；有的对仗齐整，韵律优美，从而成为中国园林中不可缺少的元素。

中国园林正是由于有了艺术的融入，使人在吟赏玩味之余，能启迪智慧，升华情趣，增添游兴，获得审美的愉悦。

第五讲

神韵

中国园林的人文之美

园林的审美价值可以分为三个层次：第一个层次是感官享受，如“秀色堪餐”，这是浅层次的感官享受；第二个层次是心理享受，“渴吻消尽，烦顿开除”，美好的环境能抚慰人的情绪，舒缓紧张的神经，使人身心处于轻松的状态；第三个层次是心灵的提升，“竹坞寻幽，醉心即是”“凡尘顿远襟怀”，清心寡欲，超凡脱俗，园林美景能陶冶人的情操，开阔人的胸襟，使人回归天然本性，获得心灵的自由、自在和放飞。这是中国园林审美的最高境界，做得最好的园林应该是“人文园”，是“心园”，即是可以让人的心灵得到安顿、栖居的园林。

中国传统的审美体验是以味觉开始，继而是视觉、听觉、嗅觉、触觉，进而达到心觉。心觉是一种顿悟、一种心灵安顿，也是一种精神的升华。

著名学者钱穆先生说：“中国学问的第一系统就是‘人统’，即以如何做人为中心、为系统。”园林作为集建筑、山水、文学、艺术等精华于一体的环境艺术，既要以人为本，又体现着建园者的人生哲学和行为方式。园林是“绿园”“康园”“文园”，也是“心园”，是创造神、行、情、理和谐统一的艺术境界，让人们在观景的过程中去体会风景背后博大精深的思想内涵和文化内涵。

而要达到“心园”这一审美境界，应当以“神奇”“神妙”的创造，赋予园林以“神韵”，应当给人以无穷的回味和感悟，不但有物境、神境，更重要的是传神、我神与物神的融合，让人们在园林的生活和游览中得到心灵的净化和灵魂的安宁。

计成在《园冶》中多次强调，“造园”要建造“心园”，让园林成为放松身心、陶冶性情、寄托精神的地方。《园冶·相地·村庄地》中说：“安闲莫管稻粱谋，沽酒不辞风雪路。归林得志，老圃有余。”意为安闲自足不用为衣食操劳，沽酒不怕风雪道路难行。退归林下，怡然自得，愿为老圃，尽有余欢。

《园冶·相地·傍宅地》中说：“足矣乐闲，悠然护宅。”意为知足常乐，乐得安闲，且在宅园中悠然自得。

《园冶·相地·江湖地》中说：“寻闲是福，知享即仙。”意为会忙里偷闲便是福气，懂得享受生活的人就是神仙。

《园冶·相地·城市地》：“得闲即诣，随兴携游。”意为清闲时便能入园，乘兴即可携游。

中国园林作为一个“心园”，在于有“神韵”，造园家在造园时不但创造了物景，而且借物景去表达创园主的思想、情感、人格，具有道德境界、艺术境界和思想境界。

在《世说新语》中，顾恺之提出绘画重在“传神”“写神”“通神”，是否“有神”，体现了作品是否有活力和生命力。孙联奎的《诗品臆说》也说：“人无精神，便如槁木；文无精神，便如死灰。”形而无神，就会失去灵性、灵魂。园林之美的最高境界是形神兼备，应当是具有“神韵”。

这种“神韵”具有如下含义：一是活泼生动的内在力量，是生机勃发的生命态度，是具有精神气象的境界，这是园林的生命力所在；二是气韵生动的艺术魅力，恽寿平论画说“潇洒风流之谓韵”，韵是可以令人回味和有意境的；三是直指人的心灵世界，可以让人的心灵得到安顿。王安石有诗云：“糟粕所传非粹美，丹青难写是精神。”“神韵”是园林的灵魂，要做到有“神韵”，要调度和运用科学、艺术和技法等手段，是不容易的。“神韵”是中国园林最有气象、最具特色的标志。

园林中的“神韵”总的来说是有活力、有气象、有格调、有生命的光芒。那么，如何创造有“神韵”的“心园”呢？具体来说，要从如下几个方面去努力。

园居图王宠题 〔明〕仇英

一、以“托物言志”表达志向

阮大铖在《园冶》的序言中说：“胜日，鸠杖板舆，仙仙于止。予则‘五色衣’，歌紫芝曲，进兕觥为寿，忻然将终其身，甚哉，计子之能乐吾志也。”意思

是说，每逢良辰佳节，或者扶杖或者驱车，悠游于园中，我穿着五色衣，唱着紫芝曲，用兜觥盛酒为父母祝寿，就此闲乐地终了此生。太好了，计君帮助我圆满地实现了我的志向和爱好。

园林是“精神创造的第二自然”，园林蕴含着创园师的哲学思想、精神品格和心理状态，极富感染力和穿透力。园林中的一草一木、一花一果、一房一亭、一画一诗、一匾一联都渗透着孔子的道德、老庄的灵动、陶潜的放逸、李白的潇洒、惠能的自在。

中国园林所选择的山水、植物、诗书画联都蕴含

东园图卷（局部）　〔明〕文徵明

着造园家的人生态度、价值追求和志趣。清代方东树在《昭昧詹言》卷一中说："凡诗文书画，以精神为主，精神者，气之华也。"园林假如有景而无意，那只能是树木、建筑、山水等物质的堆砌，是缺乏生命力的，这不可能称为真正的艺术。黑格尔在《美学》第一章中说："艺术作品应该具有意蕴，它不只是用了某些线条、曲线、面、齿纹、石头、浮雕、颜色、声调、文学乃至于其他媒介，而且是要显现出一种内在的生气、情感、灵魂、风骨和精神。"这就是我们所说的艺术作品的意蕴。园林要表达的是"景外之意""言外之味"，

那么，园林是如何托物言志的呢？

（一）象征与比拟

园林中必有山水，这是自然的景观，但已经是建园师心中外化的景观，已经寄托着造园主的精神追求和审美趣味。孔子就以山水比拟人格，说“知者乐水，仁者乐山”。意思是智者乐于水，如流水一样不知穷尽，仁者喜欢像山一样安固而万物滋生。所以，自古以来，人们就喜好自然山水，在园林中必定堆山开池，表现不同的自然生态，也表达对山水人格的尊崇。山水的形态、神韵，反映了刚柔、俊秀、挺劲等心灵的追求。

园中选择种植的植物，也具有象征意义。花木除了以色、香、味、形给人以美的享受以外，还有丰富的文化象征意义，具有独特的寓意。《园冶·立基》对花木做了充满诗意的描写，赋予其深刻的意义。

曲曲一湾柳月，濯魄清波；遥遥十里荷风，递香幽室。编篱种菊，因之陶令当年；锄岭栽梅，可并庾公故迹。寻幽移竹，对景莳花；桃李不言，似通津信。

意思是说，在曲折的水湾畔栽几棵杨柳树，漏过柳条的月光在清波中荡漾；庭庭十里荷叶，微风送入满室的清香。编篱种菊，效法陶令当年；锄岭栽梅，可比庾公旧事。移植几竿修竹，形成幽静的环境，种数丛花作为供观赏的美景；桃李天然不言不语，树林中曲折幽深的小路似乎通往渡口。这里讲到的春柳、夏荷、秋菊、冬梅以及修竹、桃李都具有象征意义。

古人喜欢借花木寄情言志。从宋代开始，花木就已被人格化，宋人曾端伯题花："荼蘼韵友，茉莉雅友，瑞香殊友，荷花浮友，岩桂仙友，海棠名友，菊花佳友，芍药艳友，梅花清友，栀子禅友。"概括了花中之品和花中十友。宋人张敏叔则在《三余赘笔·十友十二客》中，讲了花中十二客："牡丹为贵客，梅为清客，菊为寿客，瑞香为佳客，丁香为素客，兰为幽客，莲为净客，酴醿为雅客，桂为仙客，蔷薇为野客，茉莉为远客，芍药为近客，合称十二客。"竹子象征人品清逸和气节高尚，松柏象征坚强和长寿，莲花象征纯洁无瑕，兰花象征山居隐士，牡丹象征荣华富贵，石榴象征多子多孙，紫薇象征高官厚禄等。清代张潮的《幽梦影》说："梅令人高，兰令人幽，菊令人野，莲令人淡，春海棠令人艳，牡丹令人豪，蕉与竹令人韵，秋海棠令人媚，松令人逸，桐令人清，柳令人感。"

南方的私家园林几乎无园不种竹，这是崇尚竹的高尚品质。唐代诗人白居易说："水能性淡为吾友，竹解心虚即我师。"（《池上竹下作》）宋代大文豪苏轼更爱竹，他在《於潜僧绿筠轩》诗中说："宁可食无肉，不可居无竹。无肉令人瘦，无竹令人俗。人瘦尚可肥，士俗不可医。"竹，具有挺拔、刚柔、虚心、有节等品格，是园林必备的植物。余荫山房将竹子植于两墙之间，不仅充分利用了土地，而且表达了园主"知足（竹）常乐"的心态和"富足（竹）"的追求。以竹子通直、虚心的品格自励和告诫后人，只有像竹子那样正直向上、虚怀若谷，才能富足长乐。

（二）隐喻与暗示

园林中对亭、台、楼、阁、廊、堂、斋、馆等的命名，或记事，或写景，或言志，或抒情，均表达了园林的主题思想、主旨、情趣，引导人们去感悟园林背后所蕴藏的思想内涵。园林中的许多景观，往往借用典故，既表达丰富的文化内涵，又隐喻、暗示造园者的理想追求和价值取向。

沧浪亭的亭名，来自《渔父》："沧浪之水清兮，可以濯吾缨；沧浪之水浊兮，可以濯吾足。"北宋庆历四年（1044），诗人苏舜钦在党争中无罪遭贬，买下了五代吴越国节度使孙承祐的旧园，筑亭水边名沧浪，表达了无罪被黜的心灵创伤和独立傲世的情怀。

江苏吴江水乡的退思园，园主为任兰生，是朝廷中的官员，遭弹劾革职返乡，建退思园。园名取自《左传·宣公十二年》中的“进思尽忠退思补过”。其弟任文生诗曰：“题取退思期补过，平泉草木漫同看。”

园林的园名从表面上看，似乎只是一个符号，只是一个称呼而已，其实背后大有文章，寓意深远。中国园林的命名，或出自典籍，或出自文人诗赋，或取汉字的谐音，都是为了表达建园主人的志向、情趣，同时也是为了引领游人领悟和感知风景中所蕴藏的深厚内涵。

苏州的拙政园，为明朝嘉靖年间御史王献臣仕途失意归隐苏州后改建，“拙政”的园名暗喻把田园生活作为自己的政事。

番禺的余荫山房，用“余荫”纪念和永泽先祖的福荫，具有浓厚的感恩意识，用“山房”这个朴素的名称以示谦逊。

东莞的可园，是园主张敬修对人生和仕途的感悟，寓意乐天知命，纯任自然，随遇而安，可心还意。他在《可楼记》中云：“居不幽者，志不广；览不远者，怀不畅。吾营‘可园’，自喜颇得幽致。”“幽致”最为“可心”“可意”，故名“可园”。1850年，广西盗贼横行，当局欲招抚了事，而张敬修请移师会剿，不被采纳，遂以弟丧母病归东莞，开始建造可园。可见，这个名字表达了他躲避失意、寻求心灵安静的愿望和追求。

可园的草草草堂颇有深意。为什么连用了三个“草”字，包含着什么样的含意呢？草草草堂位于门厅南侧，是园主张敬修当年作画、休息之所，他认为：“人之不可草草者，曰持躬，曰制事，而自奉不与焉。余宦岭右十余年，多事戎行……未堂敢作草草者想……忆生平督师战守……偶尔饥，草草具膳；偶尔倦，草草成寐；晨而起，草草盥洗；洗毕，草草就道行之。”“可宅予蕙之区，即可憩予躬之堂，名曰草草草堂。”“草草者，苟且粗略之谓，人宜戒焉。”从这段记载看，这个名字包含着三层含义：一是为了纪念自己的戎马生涯，其军旅生活都是紧张、匆忙的；二是在生活上追求简朴，衣食住行一切从简；三是在为人处世上不可草草了事，表现了园主严谨认真的人生态度。

清晖园的园名以喻父母之恩如日光和煦照耀。“谁言寸草心，报得三春晖”，这个园名表示永记父母的恩情，体现了园主的孝敬之情。

清晖园还有一个百寿桃木雕，寓意深远。画面中的桃子有一百个，但其中有一个被藏了起来，算来只有九十九个，由于“百”是满数，民间讲究“寿”不能满，“人生不满百”，寿满便是寿尽。“藏”与“长”谐音，桃子是寿命的象征，“藏寿”暗示“长寿”，九十九个桃子，寓意“长长久久”。寿桃的下方有萱草，萱草又称忘忧草，是中国的“母亲花”，暗祝母亲健康长寿。

佛山梁园的布局和设计，充分体现了园主梁氏的人文情怀和人生态度。梁园小巧的园门反映了主人不事张扬、内敛含蓄的处世方式；梁园简朴紧凑的风格，折射出主人淡泊名利、勤俭持家的优良品格；梁园的祠堂、日盛书屋与园林的结合，突显了主人孝敬祖先、诗礼传家的治家之方。梁园不但有美景，而且有独特的人文内涵。

（三）借假与比喻

中国的汉字形、音、义是相通的，中国的文字、语言，谐音通义，一语双关，常用于表达一种象征性的意象、意趣、意境。中国园林在建筑的门匾和装饰上大量运用了“谐音”，用于表达意境，如造园主为表达加官晋爵的愿望，往往在门楼上雕刻“十鹿图”，“鹿”与“禄”同音，“十鹿”暗喻“食禄”。珊瑚孔雀尾翎，寓意“红顶花翎”；荔（利）枝加桂（贵）圆加蜜桃（寿）三种水果，寓意“连中三元”。这是化俗为雅、趋雅避俗的表现手法。通常，大俗的东西以大雅的方式

狮子林图 〔清〕钱维城

表达出来。

园林中还常借助谐音将两个以上毫不相干的物象进行巧妙组合，建立象征意义，如用鹿和鱼组成“寿禄有余”，荷花和盒子、百合、万年青组合为“百年和合”，用鹿、鹤与大屏组成“六合太平”，瓜和蝴蝶组成“瓜瓞连绵”，莲花和鱼组合“连年有余”，荷花和盒子组成“和合”等。

这些谐音取向以及同音或近音的物象组成的意象，给神韵一个载体，使心造之虚境，化为诉至于人耳目之“实景”。而这些鲜活优美的“意象”出现在宅园中，寓美于日常生活，寓美于起居歌吟之中，如春风化雨，滋润着人们的心田。

二、以“借景抒情”寄托情感

在中国园林中人与园林之间有一种情感的联系，造园者或寄情于山水，或借景生情，借景抒情。园林是人的性情的陶冶，也是人的情感的抒发。

“借景抒情”是对美的体验。这是通过对物景的感知上升为情景的感知再上升到意境的体悟，大致分为物境、情境到意境三个层次。

首先是让物境转变为情境。汤显祖为《牡丹亭》而写的“游园”“插画”诸折，不仅是戏曲，也是园林艺术。像“遍青山啼红了杜鹃，荼蘼外烟丝醉软”“朝日暮卷，云霞翠轩，雨丝风片，烟波画船”，表现了汤显祖借剧中人物兴物移情。文以情生，园缘情生色，真所谓“我见青山多妩媚，料青山见我应如是”。

计成在《园冶·相地·城市地》中说：“片山多致，寸石生情。”意为片山也富有意志情趣，寸石亦可让人触景生情。园林的山林其实也会说话，也能表达情感。《园冶·掇山》中说：“山林意味深求，花木情缘易短。”说的是人工山水要有山林意味，一花一木要让人触景生情。山的新奇险峻，体现了文人追求新奇的审美心理；石头的坚、拙、漏、怪，体现了人刚毅、飘逸的性情。计成在《园冶·门窗》中说：“触景生奇，含情多致。”他认为：看到意外的景色多姿多彩，充满奇趣。园林的亭台楼阁都是为人抒发情感而创设的。

其次是从情境上升为意境。“意境”是审美情感的“升华”。“意”表现为一种审美体验，有情必有意，“情”与“意”是相互作用的。“意境”是造园主的寄

怡园图 · 竹院　〔清〕顾沄

托、移情，从大自然的客观景致，转化为内在的心灵之境。意境美是造园主把对审美的客观事物的体悟和认识，融入自己的思想情感，创造情景交融的意境，从而产生特殊的感染力。

佛山的梁园，由于建园主梁氏家族成员淡泊名利、乐善好施，把自己的人生追求和审美理想融入园林的一草一木之中，整个园林布局处处透露出中国传统文化的独特意韵。如梁园小巧的门楼反映了主人不事张扬、内敛含蓄的处世方式；梁园简朴素雅的风格，折射出主人淡泊名利、勤俭节约的品格；梁园把祠堂、园林相结合，突出了主人慎终追远、孝敬祖先、诗礼相传的道德情操。行走在园林之中，处处可以看到主人的“心境”和“心曲”。

三、以“游园养性”修养身心

中国园林不仅仅是一个生活空间，更是一个心灵空间，体现了造园主有休闲、隐逸、平和的心志，体现了园林生活者的心性和性格。孔子说“游于艺”，是指在艺术的天地中自由酣畅地漫游。人们生活在园林之中，游赏于园林之中，享受的是一种慢生活，是一种休闲，是一种放逸，是心灵的放下、放空和放飞。计成在《园冶》中有几次讲到园林的最高境界是修心、怡情、养性。

《相地·村庄地》中说："归林得志，老圃有余。"意为退归林下，怡然自得；愿为老圃，居有余欢。

《相地·傍宅地》中说："足矣乐闲，悠然护宅。"意为：知足常乐，乐得安闲，业在宅园中悠然自得。

《相地·江湖地》中说："寻闲是福，知享即仙。"意为：会忙里偷闲便是福气，懂得享受生活的人就是神仙。

许多园林从园名中就可以看出造园主的心态和价值取向。司马光的园子名为"独乐"，体现了他的价值取向："明月时至，清风自来，行无所牵，止无所柅，耳目肺肠，悉为己有。踽踽焉、洋洋焉，不知天壤之间复有何乐可以代此也。"表达了逍遥、超然、旷达的心态。

园林中所创设的景观，也体现了创园主的性格特征。《红楼梦》中的大观园，其景观都与人物的性格相一致，做到了"景因人而设，人因景而立"。如潇湘馆，是林黛玉居住的场所，其周围的环境与黛玉的孤傲任性、率真聪慧、多愁善感十分相衬。小说描写道：一带粉墙，数楹修舍，千百竿翠竹掩映，进门便是曲折游廊、阶下石子漫成的甬路，后院有大株梨花阔叶芭蕉，泉水自墙下绕阶缘屋、盘旋竹下而出，是个凤尾森森、龙吟细细的幽静之所，一派超凡脱俗、清幽雅致，被宝玉赞为“天然图画”。潇湘馆中最突出的植物便是竹子和芭蕉。竹子、芭蕉具有怎样的性格呢？李渔说：“竹木者何？树之不花者也。”“花者，媚人之物，媚人者损己，故善花之树多不永年。”“蕉能韵人而免于俗，与竹同功。”“竹可镌诗，蕉可作字，皆文士近身之简牍。”竹子和芭蕉具有超凡脱俗、高洁清雅的性格，它们是文人士大夫的最爱，这充分体现了林黛玉的孤傲才情。

中国园林作为“人化自然”，凡园林中建筑、植物、山水都是中国人文精神的体现。园林营造的“静、远、曲、深”之景，也是文人追求的淡泊宁静、超凡脱俗的心态的物化，从园林的逸游雅趣，逐步达到“怡神悦志”的审美境界。

四、以“气韵生动”创造神韵

气韵，是宇宙中鼓动万物的“气”的节奏与和谐。五代的荆浩对“气韵”的含义有一个解释：“气者，心随笔运，取象不惑。韵者，隐迹立形，备仪不俗。”（《笔法记》）他在这里讲的是绘画的气韵。其实，中国园林同样讲求有气韵和韵味。这就有如音乐的节奏和律动，是园林中的空间美感的布局。

首先，它表现在园林的亭子和屋檐的飞动上，飞动产生了动感。《文选》中有一篇王文考作的《鲁灵光殿赋》，这篇赋描写了宫殿内部的装饰，不但有碧绿的莲蓬，还有许多飞动的动物形象，如飞腾的龙、愤怒的奔兽、有颜色的鸟雀、张开翅膀的凤凰、伸长颈子的白鹿、抓着椽子互相追逐的猿猴，等等，这是“随色象类，曲得其情”。有的园林由于不懂飞动之美，亭子的亭顶建得笔直，缺乏变化，也让韵味全无。

其次，要恰当地安排园林内游览线路的节奏。园林中的堂、房、亭、台、楼、阁、榭等有如音乐的音符，有高低起伏，起承转合，时而让人行走，时而让人驻足，时而让人观赏。宋代郭熙说："山水有可行者，有可望者，有可游者，有可居者。"（《林泉高致》）可行、可望、可游、可居，就是园林的节奏，是动静的结合，是空间的巧妙组织。

最后，要用周回曲折创造空间，给人以"奇思妙想"，回味无穷。计成认为一个成功的园林要善于在有限的空间中拓展出无限的空间，创造出艺术意境。他说："轩楹高爽，窗户虚邻；纳千顷之汪洋，收四时之烂漫。"这就是通过借景、分景、隔景，产生曲折多变的效果，小中见大，虚实相生，从而产生无限的景致和情调，创造无限的韵味。

结 语

中国园林重自然、讲生态，重科学、讲技法，重艺术、讲意境，重人文、讲神韵，追求自然的天趣、艺术的雅趣、人文的理趣。在这里，可以做一个简明的概括：从生态上看，以“天然”为底色，具有生态绿色之美；从营造技法上看，以“巧妙”为核心，具有科学之美；从建园风格上看，以“雅致”为中心，具有艺术之美；从园林的功能看，以“神韵”为特征，具有人文之美。

中国园林是集建筑、山水、植物、艺术、人文于一体的艺术综合体，既是生活天地、艺术空间，又是心灵家园。建设更多、更美的中国园林是广大人民群众对美好生活的向往，是人与自然和谐相处的时代潮流，也是中国优秀传统文化在中华大地上的弘扬。

让我们把古代的园林保护好、利用好，创造更多更好的富有时代气息、科学文化元素、绿色生态的现代园林，造福人民，造福社会，造福子孙后代，造福世界！

参考书目

［1］计成. 园冶［M］. 北京：中华书局，2011.

［2］全学智. 中国园林美学［M］. 北京：中国建筑工业出版社，2005.

［3］陈鹭. 园林艺术简论［M］. 北京：北京交通大学出版社，2017.

［4］楼庆西. 中国古建筑二十讲［M］. 北京：生活、读书、新知三联书店，2001.

［5］伍晓华，袁媛，柳金英. 中国园林美学研究[M]. 北京：中国广播电视出版社，2020.

［6］曹林娣. 静读园林［M］. 北京：北京大学出版社，2005.